我们一起解决问题

普华心理学应用丛书

# 行为观察心理学

## DISC行为观察术在管理中的应用

[美]莫里克·罗森伯格（Merrick Rosenberg）
[美]丹尼尔·西尔弗特（Daniel Silvert）◎著

段鑫星 吴国莎 常丹◎译

# TAKING FLIGHT!

### MASTER THE DISC STYLES TO TRANSFORM
### YOUR CAREER, YOUR RELATIONSHIPS…YOUR LIFE

人民邮电出版社

北 京

**图书在版编目（ＣＩＰ）数据**

行为观察心理学：DISC行为观察术在管理中的应用 /
（美）莫里克·罗森伯格（Merrick Rosenberg），（美）
丹尼尔· 西尔弗特（Daniel Silvert）著；段鑫星，吴
国莎，常丹译. -- 北京：人民邮电出版社，2019.1
（普华心理学应用丛书）
ISBN 978-7-115-50125-7

Ⅰ．①行… Ⅱ．①莫… ②丹… ③段… ④吴… ⑤常
… Ⅲ．①行为主义－心理学－通俗读物 Ⅳ．①B84-063

中国版本图书馆CIP数据核字(2018)第260580号

## 内 容 提 要

  本书以一则有趣的寓言故事为开端，细致刻画了各种鸟儿在面对森林危机时的表现，并由此引出了 DISC 行为观察术，以物喻人，每个人都能从中找到自己与身边人的影子。我们以自身独特的行为与情绪方式存在于世界上，其影响着我们的工作、生活、人际关系等各个方面，也时而让我们遭遇冲突、矛盾和挫折。学习了 DISC 行为观察术，我们就能够更深入地认识自己和他人，从而发挥优势、规避劣势，轻松应对身边的人与事，开启生活新篇章。
  本书适合想要使自身人际交往得以提升的广大读者阅读使用。

&#9830; 著  [美]莫里克·罗森伯格（Merrick Rosenberg）
    [美]丹尼尔·西尔弗特（Daniel Silvert）
 译  段鑫星 吴国莎 常 丹
 责任编辑 姜 珊
 责任印制 焦志炜
&#9830; 人民邮电出版社出版发行  北京市丰台区成寿寺路 11 号
 邮编 100164  电子邮件 315@ptpress.com.cn
 网址 https://www.ptpress.com.cn
 涿州市般润文化传播有限公司印刷
&#9830; 开本：700×1000 1/16
 印张：13         2019 年 1 月第 1 版
 字数：120 千字      2025 年 5 月河北第 25 次印刷
 著作权合同登记号 图字：01-2013-4372 号

定价：49.00 元
读者服务热线：(010)81055656 印装质量热线：(010)81055316
反盗版热线：(010)81055315

感谢崔西（Traci），你深刻的洞察力、无条件的支持、毫无保留的爱，如同鸟儿羽翼下的清风，伴我翱翔。同时，感谢亲爱的盖文（Gavin）和本（Ben），你们坚持做自己，这也更加坚定了我对 DISC 的探索。

——莫里克（Merrick）

亲爱的辛迪（cindy），你的爱与欢乐让我的生活更加充实与美好。同样的感谢也献给艾登（Eden）、本杰明（Benjamin）及雅各布（Jakob）。

——丹尼尔（Daniel）

# TAKING FLIGHT!

# 本书所获赞誉

**肯·布兰佳（Ken Blanchard）**

《一分钟经理人》
（*One Minute Manager*）合著者

这是一本可以立刻改变你对自身及与他人交往固有看法的书。本书由一则鼓舞人心的寓言故事开篇——然后是森林动物们就各种观点展开了激烈的争论——它适用于每一个想实现自我成长与成功的个体去学习和应用。

**约翰·格雷（John Gray）**

《男人来自火星，女人来自金星》（*Men Are from Mars, Women Are from Venus*）作者

本书可以帮助人们建立广泛的社会支持系统与持久的人际关系。是的，它通过让你认知世界以及个体的多样性，从而丰富你的生活。

**乔恩·郝思曼（Jon Housman）**

奥拉电台主席

本书是一本有趣的读物，毫无疑问的是，书中所介绍的内容都是比较适用于实践的，但是最终成效也并非一朝一夕就可达成的。对于广大读者来说，这本书就像一位引路人。

### 斯坦·克里格曼（Stan Kligman）

营销学权威教授，
美国德雷赛尔大学

作为一名教师，我发现这本书可以帮助学生学习一些重要的原则，以便刷新每一天的生活。我将会把这本书作为学生的指定教材。

### 巴特·帕格里斯（Bart Puglisi）

美国潘世奇卡车租赁公司人才管理中心经理

迄今为止，学术界一直缺乏关于 DISC 行为观察术的详细介绍，本书正好填补了这个空缺。我将会在我的工作室中引入 DICS 行为观察术，并将其进行推广。

### 德尔·罗斯（Del Ross）

洲际酒店集团副总裁

本书为人们提供了一种全新的视角，以此来解释人们为什么会那样说话，为什么会这样做事。我们将此智慧的结晶应用到小组工作中去，取得了惊人的成效。我敢确信，这是一本任何一位经理人都必备的书籍之一。

### 弗兰克·温德（Frank Wander）

美国伽蒂安人寿保险公司首席信息官

本书通过一则简洁生动的寓言故事，向大家展示了 DISC 行为观察术是怎样打破人际关系之间的坚冰，并促进合作的。

**莫妮卡·格瑞特**（Monique Garret）

美国 Octagon Research 公司全球市场部经理

　　多么有趣而深刻的见解，本书为我们提供了一种全新的视角来看待我们自身所处的人际关系，它适用于生活中的任何地方，它是万千书籍中的珍品，我将致力于将其进行广泛的推广。

**马瑞德·科恩哈勃**（Marda Kornhaber）

美国国际电话电报公司人力资源部经理

　　作为一名职业人力资源师，这些年我一直将 DISC 行为观察术应用于我的工作与生活。本书可以帮助我们更好地理解多样化的人类行为。其中，第三篇向我们展示了如何使用 DISC 行为观察术。本书作者为我们提供了一本富含资源的易读读物。

**伦纳德·S.阿尔塔穆拉**（Leonard S. Altamura）

美国施泰宁格行为健康服务机构前任主席

　　这是一本能够帮助亿万读者改善人际关系管理技能的书籍。通过一则寓言故事，它向人们展示了四种不同的行为模式，并且具体介绍了怎样应用 DISC 行为观察术。管理者与培训者可以发现，DISC 行为观察术为其与雇员及客户之间架起了一座沟通的桥梁。

**格瑞·M. 埃卡**（Gary M. Ilkka）

---

美国艾默生电气公司
人力资源部经理

　　本书作者为我们呈现了一则形象的讽喻故事，它和现代社会复杂的商业环境相契合。这则寓言故事可以帮助管理者识别、了解并协调个体间的差异性，建设一支高效的团队。

# 译者序

## 人类行为语言的魔力

## 认识 DISC

本书的关键词就四个英文字母"D、I、S、C",即四种不同的行为模式。

DISC 是一种"人类行为语言",它的理论基础是美国心理学家威廉·莫尔顿·马斯顿博士(Dr. William Moulton Marston)在20世纪20年代的研究成果。经过数十载的发展,DISC 现在已经成为全世界应用最为广泛的性格测评工具之一。D(dominant)、I(influence)、S(steadiness)、C(compliance)分别代表四种不同的性格因子,即支配、影响、稳健与服从,每个人的性格中都有 D、I、S、C 因子,只是四种不同的因子因人、因时、因地而异,所以你生活中的每一天都会遇见各种各样的人。本书作者在对"DISC"多年研究的基础上，对这四个字母稍作改动，提出了更易于理解的全新版本，即 D（dominant）——支配型、I（interactive）——互动型、S（supportive）——支持型、C（conscientious）——谨慎型。

### D——支配型行为模式

支配型行为模式的人关注最终结果，他们喜欢按计划行事，通常会按照原先制订的计划勇往直前。支配型行为模式的人有着敢于挑战、勇于承担风险的精神，这是他们取得成功的关键因素。他们可以快速地判断形势、果断地采取措施，并解决问题。

支配型行为模式的人是独断、竞争力的代表。他们不喜欢浪费时间，喜欢得到最直接的答案，换句话说，即"是什么就是什么"。

支配型行为模式的人做事主动，不安于现状，喜欢挑战。它们往往身居高位，力图掌握自己的命运，不屈不挠，本性自信，可以高效地完成最严苛的任务。

### I——互动型行为模式

互动型行为模式的人思维活跃，喜欢寻求持续性的刺激，享受与人交往的过程。这些特征使得他们在社会交往中如鱼得水，这更激发了他们对冒险的渴望。互动型行为模式的人具有说服和鼓舞人心的品质，他们随遇而安，生活的每一天都充满了正能量。

互动型行为模式的人具有敏锐的洞察力和自由奔放的个性，能够随时提出一些极具创造性的想法。他们一般不会过多地纠结于细节，因为细节会限制他们的想象力。互动型行为模式的人着眼于未来，因为他们觉得那里充满了未知和乐趣。

## S——支持型行为模式

支持型行为模式的人总是力图减少冲突，营造和谐的氛围。他们非常友好，时刻以一颗怜悯之心对待他人，总能耐心倾听，感同身受。这样有利于交谈双方形成深厚的友谊，成为彼此坚定不移的伙伴。支持型行为模式的人喜欢循规蹈矩，以此确保行事的稳定性。他们喜欢常见的、可预测的模式，从而产生可靠的结果。他们是领导的坚定支持者，也是团队中最宝贵的财富。

## C——谨慎型行为模式

谨慎型行为模式的人在做任何事情时都力求达到精准的目标。他们处处生疑，以确保事情的发展准确无误。他们做事非常有条理，注重细节，并且高效。遇到任何情况时，谨慎型行为模式的人都不会被情绪所左右，他们会在对可见的、可量化的信息进行逻辑分析的基础上作出恰当的决定。尽管谨慎型行为模式的人在工作过程中十分独立，但由于他们天生沉稳冷静的性格，常会使他人对其形成古板老练的印象。

DISC 不仅可以作为一种性格测评工具，它也可以被视为一种人际关系用语。学习 DISC 行为观察术，不仅可以帮助你对自身及他人进行心理分析，还可以帮助你正视所有可观察的人类行为，视需要及时调整个人的行为风格，以应对环境变化或与他人互动的需求。

DISC 是促进自我了解、相互认识及维护良好人际关系的最佳工具，它不仅可以帮助主管实现与下属及客户之间的顺畅沟通，还可以帮助家庭成员间实现相互理解与包容，更可以帮助你实现生活的全面平衡化。学习 DISC 行为模式理论是你开拓美好生活新篇章的一条捷径。

## 有效运用 DISC 行为观察术

本书给出了用好 DISC 行为观察术的基本原则：

（1）了解自己的行为模式；

（2）识别他人的行为模式；

（3）在对他人建立期望前，请先想想彼此的行为模式；

（4）不要只看表面，还要洞悉意图；

（5）合理运用你的优势，但切忌过度使用；

（6）在正确的时间使用正确的行为模式；

（7）以他人想要的方式对待他人，而不是你想要的方式。

当我们能够较好地运用 DISC 行为观察术了解自己的行为模式并有效识别他人的行为模式时，在子女教育、夫妻沟通、团队合作、职业规划等方面就可以做到游刃有余了。例如，做事风格雷厉风行、总是希望下属跟上自己节奏的领导通过 DISC 行为观察术可以觉察到下属不同于自己的行为模式，这样一来，他就不会有太多的负面情绪反应，而是能够理解下属的行事风格。同样，在夫妻相处中，有人会抱怨："我是一个很谨慎的人，做任何事情之前都需要充足的准备与证明，但我的爱人总觉得我做事太过烦琐……"而一旦学习了 DISC 行为观察术后，他／她就会意识到要以对方需要的方式对待他／她，而不是自己所需要的方式，从而也就不会再有类似的抱怨了。

我们常能听到下面这样的说辞："我不喜欢争吵，所以与任何人相处，我都会采取妥协的态度，其实这样我也很累""我是一个乐天派，但父母总觉得我没有上进心，整天吊儿郎当，他们总是不能理解我的生活态度"……人与人之间存在着性格差异，这种差异正是构成这个多样化世界的重要因素。不论种族、文化、社会经济地位有多么不同，作为个体的人，都有着自身独特的行为与情绪表达方式。当你不经意时，你惯用的行为模式便会悄然无声地在他人面前展示出来，不管你是自知还是不自知，这些行为与情绪都一直影响着你与这个世界的联系方式。我希望身边的每一位伙伴与朋友都能够了解到这一点，与身边形形色色的人和谐相处，使生活达到平衡的状态。

作为翻译的组织者，在此，我要郑重地感谢翻译团队中的每一位成员，是他们的认真勤奋，才使得此书成功完成。希望本书能够帮助更多的人取得人生的进步！

最后，我想借用本书作者的话与大家分享：

我们曾遇见无数的人，他们或有着和谐的人际关系，或做着令人向往的工作，或过着令人美慕的生活。静下心来，看看你身边有着不同行为模式的人们，用恰当的方式去对待他们吧，用心去辨别他们的所思所想，用他们所期望的方式去爱他们。合理利用你的优势，了解自身的行为模式，以不变应万变来应对身边的人与事。释放 DISC 行为观察术的能量，为你的生活开启新的篇章！

# 目 录
## contents

## 第二篇　拆掉人际交往中的"墙"　/ 093

很多人总抱怨自己的人际关系不好，始终与"人"无缘，这就是因
为其自身在人际交往上存在缺陷。这些缺陷就像一堵"墙"，把自己和他
人无形地隔开了。

## 第三篇　人际交往中的识人相处之道　/ 127

每个人都在生活中扮演着不止一个角色，要与形形色色的人打交道，
这对很多人来说都是个难题，然而一旦掌握了人际交往中的识人相处之
道，难题也能迎刃而解。

# TAKING FLIGHT!

# 讲故事之前

有时候我们会困顿于当前的生活状态止步不前，我们急需一种力量帮助我们挣脱束缚、展翅翱翔！而 DISC 行为观察术就有这种力量，它能使我们的工作、生活、人际关系等多个方面都得到极大的改善！学习 DISC 行为观察术，你将发现你的人生因此而改变！

猛然之间，我们发觉有一种行为观察术竟然如此有效和简单，以至于我们十分懊恼为什么之前从未留意过它。想象一下，这种行为观察术能够为我们提供一些方法和技巧，从而使我们更好地理解自身及他人，这将是一件多么神奇的事情。

我们所说的这个行为观察术其实就是行为模式的四个类型，简称"DISC"。该模式潜藏于我们的日常生活行为中，它也可能是迄今为止你发现的最有效的行为引导工具。运用该工具，不仅可以帮助你挖掘出自身的潜能，还可以有效维系你与朋友之间的关系。

目前，已经有上百万人知晓了 DISC 行为观察术，如果你也是其中一员，那么本书中分享的一些原理与方法，就可以帮助你对 DISC 行为观察术的理解提升至一个新层次。如果你从未接触过 DISC 行为观察术，那么打起精神，让我们一起从本书开始，了解 DISC，并且从中获取其最大效用吧！你将发现你的生活因此而改变！

我们与上百家企业以及各行各业的人都合作过，也亲眼目睹了他们的惊人蜕变：普通的公司经理晋升为行事高效的领导者；曾经矛盾重重的团队成员间终于冰释前嫌；业绩不佳的销售人员蜕变为金牌销售人员；失意的教师最终转变为感召力极强的教育工作者；而那些懂得如何利用自我天赋的人们，他们在自己的岗位上也都发着光，发着热，开辟出一片新天地；很多人学会用接纳取代批评，一对夫妇曾经告诉过我，学习和了解 DISC 行为观察术不仅挽救了他们的婚姻，还使他们真正理解了孩子的需要，甚至他们的父母也为此颇感欣慰。

不论与谁相处，同事、顾客、家人，抑或是朋友，DISC 行为观察术都可以帮助你更好地与人沟通。很快，你就可以理解，为什么你对待别人的态度会发生改变。另外，你还可以获得一个很有价值的框架图，它可以帮助你强化优点，改善缺点。

接下来你将要读到的不只是一个关于鸟类的故事。究其核心，这个故事其实也是我们自己内在行为方式的真实写照，只是我们自己还没有意识到而已。一开始你可能没有意识到这一点，但很快你就能从书中找到自己的影子。这本书的主要内容是：我们为何会以这样或那样的方式来与家人、朋友以及同事相处；我们如何对周边的环境作出反应；我们作出决定和行为的驱动力是什么；我们将如何运用 DISC 行为观察术来改善未来的生活。

当你阅读本书时，请仔细斟酌，假如你就是书中的鸟儿，你会怎么做；你的行为方式、你对他人的理解方式与回应方式将会是什么样的，好好想想这些意味着什么。的确，这只是一个寓言故事，但同时也是你生活的写照。不管你相信与否，你都是故事中的一只"鸟儿"。问题是，

究竟哪一只才是你呢？

故事中是否有一个角色与你的行事作风相一致？

故事中的某个角色是否让你想起了自己认识的某个人？

你会为故事中的某只鸟儿欢欣鼓舞吗？

故事中的某个角色会拨动你的心弦吗？

　　鸟儿明白，要想翱翔于蓝天，就必须先学会起跳。它们必须从安全支撑它们的树枝跳向前方的树枝，谁也不知道前方的那根树枝是否安全。

　　如果我们期望高飞，希望在人际关系、职业生涯以及生活的其他领域达到新的高度，那么我们也必须先学会起跳。我们都知道鸟儿可以起飞，可问题是，我们能像它们一样，挣脱束缚，展翅翱翔吗？

# 第一篇
# 是故事，也是人生

　　你将要读到的是一则关于森林中鸟儿的故事。森林中有各种各样的鸟儿，它们的行为模式各不相同。这不仅是一则寓言故事，同时也是我们生活的真实写照，不管你相信与否，你都是故事中的一只鸟儿，你能从中找到自己或是身边人的影子！

## 故事发展脉络图

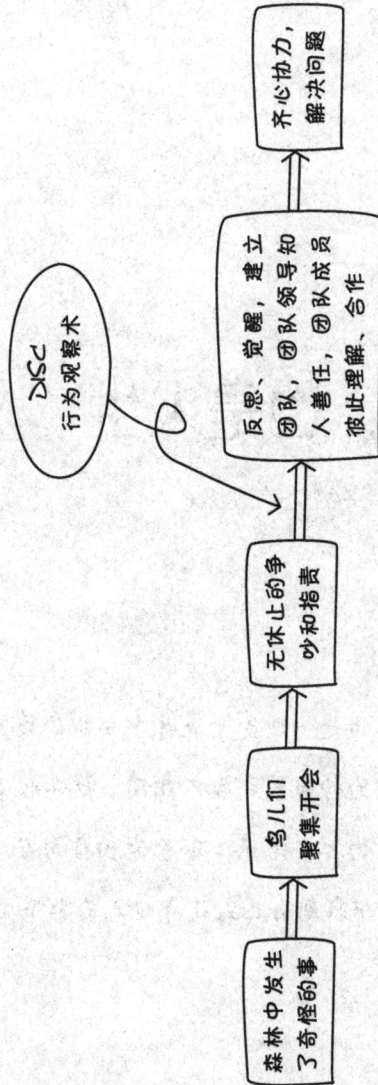

森林中发生了奇怪的事 → 鸟儿们聚集开会 → 无休止的争吵和指责 → 反思、觉醒、建立团队、团队领导号和团队成员人善任，彼此理解、合作 → 齐心协力，解决问题

DISC 行为观察术

家

森林里响起一阵低低的噼啪声———一开始几乎听不到。树枝随着地面震动而颤抖，树叶由于阳光的反射而泛着点点微光。突然，一阵噼噼啪啪的树枝断裂声响彻森林，大树在晨曦中做出了最后一次摇摆。仅仅几秒，这棵参天大树便再也不能为树下的动物遮阴，也不能为树上的鸟儿提供栖息之地。60 米高的巨物突然冲向地面，伴随着一阵震耳欲聋的重击声。大树已倒下。

这里是鸟儿的"家"。焦虑的气息弥漫着整个森林，对于居住于此的各个鸟类社区来说，这片森林是安静和谐的避风港。在这里，满怀惊恐的老鹰正和鸽群交谈着，聒噪的鹦鹉们则与警觉性极高的猫头鹰聚在一起。

多里安每天都在森林上空盘旋，它是一只雄鹰，有着一双锐利的眼睛以及令人印象深刻的七尺翼展。从日出到日落，多里安都在空中巡逻。雄鹰认为，为了确保树下动物的安宁生活，自己应该承担更大的责任。然而在这一天，它的第六感告诉自己，将有不寻常的事情发生。到底会发生什么呢？显然，它敏锐的观察力和决断力又提升了一个层次。多里安在森林上空密切观察着一切动静，鸽子家族正在森林深处进行着私密交谈。多里安看到塞缪尔（鸽子家族的一员）像往常一样站在那根结实的树枝上，为朋友们张罗着饭菜。它身上的羽毛白灰相间、蓬松柔软、密密实实，它的妻子莎拉则像其妈妈和外婆一样，在树上孵化着鸟蛋。

在平时，当多里安从塞缪尔和莎拉家的树枝滑行而过时，总会听见它们悦耳动听的咕咕声。多里安一直不理解，为什么有这么多的鸟儿喜欢鸽子，它们会飞到鸽子家做客，去那里寻找友情、听从建议以及获取慰藉。

但在今天，多里安没有听见咕咕声。响彻森林的重击声使鸽子们受到了惊吓，这种集体的沉默对于多里安来说十分罕见且意味深长。

多里安依旧每日在天空巡逻，并密切留意是否有人类或其他入侵者，它兢兢业业地坚守在自己的岗位上，希望维持森林中鸟儿的平静生活，让鸟儿们与大自然和谐相处。

多里安飞越森林中的湖泊，发现一群鹦鹉。尽管它们的数量不多，但却随处可见。这儿一簇火红，那儿一片亮黄，它们的笑声在森林间阵阵回荡。当鹦鹉们像平常那样互相嬉戏打趣时，多里安便驻足听了几分钟。

"嘿，伙计们！让我们起飞吧！"因迪（鹦鹉家族的一员）高喊道，它是森林成员们共同景仰的元老。

"我们要飞向哪里？"艾薇（鹦鹉家族的一员）问道。

"只有到达那里了，我们才能知道要飞向哪里。"因迪回应说。

刚从下边经过，多里安就听见因迪提醒成员们："如果我们守株待兔，生活就只会索然无味；而如果立即行动，生活将会其乐无穷。耶！"

"该死的鹦鹉座右铭，它们简直是在浪费时间，"多里安一边俯瞰着下方的森林，一边这样想着，"它们难道没有意识到，出发之前我们就需要知道目的地吗？要是它们能把精力用在一些有意义的事情上面，那该多好！"

# 猫头鹰的工作

夜晚，森林里传来一阵异响。猫头鹰克拉克和克里斯特尔正忙于夜间工作。多里安飞过它们的鸟巢，问它们是否可以帮忙查清到底发生了什么事。

克拉克摆摆手让多里安先离开："能不能一会儿再谈？我们的这项工作马上接近尾声了，如果顺利完成，它或许可以帮助我们评估森林的现状。"

猫头鹰绘制了一张森林地图并画出坐标，这样，多里安在白天就能够实现高效率的天空巡逻。克拉克和克里斯特尔具有一种天赋，它们能够侦测和分析周边环境的每一个细节，它们还擅长制订周密的计划。

在将地图送给多里安之前，克拉克和克里斯特尔再三检查了每一个细节，它们工作到清晨，天空已经泛出亮橘色。当克拉克圆满结束第三遍也就是最后一遍检查时，它突然定住了。

"你还好吧？"克里斯特尔忙问。

"好像不对！"

"什么意思？"克里斯特尔又问。毕竟它们的工作要求十分缜密，不仅要统计树木的数量，还要详细记录每一种反常的情况。

"好吧，我猜……我们……似乎……我不敢相信我竟然会这样说，但我们的数据好像存在问题。"克拉克结结巴巴地说。

"为什么会这样？"克里斯特尔问道，"如果要把这个交给多里安，那么我们的数据就必须很精确。"

它们开始重新检查计数方法是否准确，就在此时，"梆梆……哒哒……"的声音响起，只见因迪和艾薇正准备降落在克拉克和克里斯特尔附近，它们边降落边呐喊着："亲爱的鹦鹉要着陆喽！"

因迪和艾薇互相嬉戏着。克拉克转了下眼珠，心想："它们难道看不到我们正在工作吗？"

"早上好，克拉克！你们在干嘛？"因迪问道。

克拉克和克里斯特尔沮丧地叹了口气，极不情愿地解释着它们的工作，因迪打断了它们的话，"细节？列入计划的细节？就算错过一棵树，又有什么大不了的？不论有多少树木正在疯狂地生长着，它们总有一天会被发现的，只是时间早晚的问题。"

因迪的话让克拉克和克里斯特尔感到震惊，它们一言不发地盯着因迪，而因迪和艾薇还在喋喋不休地谈论着各种新奇有趣的生活方式。克拉克和克里斯特尔无奈地摇摇头，便开始继续研究森林地图。因迪和艾薇仍然在打发时间，克拉克和克里斯特尔却急切地想给多里安展示一个结构清晰的森林系统图。当然，多里安肯定会感谢克拉克和克里斯特尔的辛勤工作。

# TAKING FLIGHT!

# 森林会议

多里安还陷在沮丧的泥潭中未能出来，猫头鹰的森林绘图没能发挥应有的效用，鹦鹉们盲目的热情也不能解决任何问题。当然，现在也不是鸽子家族聚会的好时机。老鹰多里安很困惑，为什么只有它自己迫切地想要采取行动，看看到底发生了什么事情呢？

第二天早上，乌云压住了整个枝头。森林雾霭深处传来一阵尖叫，是多里安。它的尖叫只能意味着一件事情：它已经找到答案了，召开紧急会议的时刻到了。

距离上次的鸟群会议，已经有很长一段时间了。因此，整个森林都弥漫着恐惧的气息。

森林里所有重大事件的集会，按照往常的经验，都是在"理事会之树"下举行的。这棵"理事会之树"是一棵存活了200多年的巨型红杉树。它看起来就像是专门为了召开森林会议而设计的。它有两个宽大的分支，半圆形的树干中突出的部分正好可以作为主席台。

因为好久没有组织会议了，所以这棵红杉树一直空着—这也是森林和平的象征。当然，那并不包括在深夜秘密举行的、只有鹦鹉家族参加的喜剧汇演，森林成员们将之称为"即兴表演"。不可否认的是，因迪和艾薇并不愿意和多里安分享它们家族的乐事。

鸽子家族的代表——塞缪尔和莎拉是最先到达"理事会之树"的，它们待在平日里常待的位置上。表面的平静掩盖不了潜在的不安，因为它俩发现，在今天的场合下，很难与其他鸟儿若无其事地交流。

塞缪尔和莎拉热情地问候了多里安，它俩非常渴望会议立刻进行。

紧接着，猫头鹰到了，它们正准备将会议内容详细地记录下来。现在就差鹦鹉了，鸟儿们很远就能听见鹦鹉的吵闹声，因迪和艾薇倚靠着它们的席位，"快跟我们说什么事吧，多里安。"因迪开口道。

多里安主持着会议，就像祖祖辈辈们曾经做过的一样。它开门见山道："我们的家园有危机了。"

话音刚落，大家都安静了下来。

"离这不到半英里的地方，有一棵大树倒了。"多里安接着说。

"哦，这就是今天会议的内容吗？我们前几天就看见了，"艾薇打断说，"它就在路边，还有几只狼在旁边徘徊，我们当时就在想为什么……"

"你看到大树倒了竟然不向我报告？"多里安抖擞着胸前的羽毛，咆哮着，"你不知道吗？现在，我们美好的家园正处于危险之中！"

艾薇不以为然地说："我们不认为这是什么大事。"

"不是大事？我再提醒你一下，难道我们不是住在树上的吗？如果那是你的家，突然倒了，你会怎么样？"

"别吵了，"因迪说，"树之前就倒过，我不明白为什么……"

"这次不一样，"多里安打断说，"这棵树本来很粗壮，也很健康茂盛，根本不是自己倒下的。我们得探个究竟。就现在！"

"也许是一阵大风把它刮倒的。"艾薇仍然据理力争。

"绝对不是！"克拉克不动声色地发出一声尖叫，"你们知道要把这样的一棵大树推倒，风速得达到多少吗？我的推测是……"它开始翻阅它的日记，"啊，我知道了，是每秒 38.8 米。话虽如此，但这样巨大的阵风还是极其罕见的。事实上，我们还需要一些计算……"

"这不是自然事件！"多里安坚定地说。

莎拉倒吸了一口冷气，大家把目光投向它。塞缪尔安慰它别害怕。大家再次沉默下来。

"哦？"因迪好像突然有了什么预感，紧接着问："那这是为什么呢？"

"我也不知道，"多里安果断地说，"但我会查清楚的。"

克里斯特尔翻阅着它的笔记，终于开口了："我们都需要冷静，在找到真相之前，我们不能妄下结论。"说完它转向鹦鹉，"让我们回顾一下当时的情形。因迪、艾薇，你们刚才说前几天就看到这棵树倒了？"

"是的。"它们响亮地回答。

"我很好奇，"克拉克继续探究，"为什么你们不用森林警报系统来提醒大家呢？"

艾薇听后，回答说："我们当时没想到这些。"

"而且谁也不会想到要用森林警报系统。"因迪补充道。

"如果都不使用这些警报系统，我们为什么还要创建它呢？"克拉克抱怨道。

多里安插了一句："这是一个好问题。"

克拉克用不屑的眼神看了多里安一眼，然后转向艾薇，接着问：

"所以，你看到倒在地上的树之后就飞走了？"

"嗯，事实上，当时我们对那些狼更感兴趣。因迪还故意模仿了一声狼的嚎叫。你再模仿一下吧，因迪，让大家都见识一下……"

多里安立刻打断："不用了。"

鸽子们还是没有说一句话，它们只是紧张地看着鹦鹉，然后回头看看猫头鹰，仍然不参加这场争论。

克拉克在想自己是否可以提供解决方法，它一边翻着笔记，一边说："多里安，我在想，那个时候你为什么不用上我们设计的新网格线？那样很方便，而且你能更早地识别情况。"

"你真的认为我把时间都花在追随一个虚构地图的网格上就有用了吗？"多里安吼了一句，"我可不这么认为！"

整个会议被沮丧包围着，克拉克走到主席台的中心，"我的伙伴们，为了维护我们森林家园的秩序，我们已经启动了特殊的流程和系统……"

"得了吧！"艾薇打断道，平日里随和的鹦鹉发怒了："家园存在的目的不是要保持'井然有序'，而是要享受生活。我们不应该轻易地采取行动。要我说，我们应该活在当下，自由飞翔！我仍然不明白，到底发生了什么大事？猫头鹰的表现好像是每件事都胸有成竹，我讨厌你们这样。"

"在你的理想世界中，这个森林一切完好，"多里安说，"但是现实世界不是游戏场——如果时间允许的话，我认为现在举办一些竞赛活动也没什么问题。但是，生活是要不断奋斗的。我们既然住在这个森林里，就要在这个森林里留下我们的印记。难道你们只想被大家记住你们是怎么玩的吗？"

因迪和艾薇耸耸肩说："那怎么了？"

"那样的话，事情就大了！"猫头鹰尖叫着。

一瞬间，猫头鹰、鹦鹉和多里安吵了起来。其间，尽管一场激烈的冲突已经爆发，鸽子们却仍然沉默地坐在后面。

莎拉别扭地挪了挪身子。"我们该怎么办？"它悄悄地对塞缪尔说，"理事会已经乱套了，它们都在发火，几乎没人在听别人说话了。"

塞缪尔尽力去安慰它，但是它也有点心烦意乱："我们再像这样沉默的话，是解决不了任何问题的，我们必须团结起来，采取措施，否则这种情形将会变得更糟。"

突然，莎拉想出了一个主意，"我觉得我们需要一些外界的援助。"

"泽维尔？"塞缪尔问。

"北方的鸟群们都在讨论大火过后泽维尔是如何帮助它们改善生活的。这值得一试！"

"停！"多里安尖叫了一声，它的声音盖过了猫头鹰和鹦鹉。

然后，多里安转向塞缪尔和莎拉："你们两个难道不想说点儿什么吗？还要继续坐在那里一言不发吗？"

突然成为大家关注的焦点，莎拉觉得很有压力。它吞吞吐吐，本来没打算说什么，也不想听到任何批评和反对的声音，但是现在，大家的目光都聚集在它身上，它深吸一口气，舒缓了一下紧张的神经，说道："嗯，我能理解大家的想法，我理解克拉克对于保持森林井然有序的渴望，我们也不想生活在混乱之中。我也同意多里安的观点，一个人得有人生目标，并要为之不断努力。对于艾薇说的'应该享受生活'，我也很赞同。"

大伙微微点了点头。

"然后呢？"多里安问，对于莎拉这么长的回答它开始失去耐心。

"我想，塞缪尔和我只想生活在一个大家都能和谐相处，而且感到安全的环境中。"莎拉补充说。

"就这个？"多里安问。

它的耐心已然消失殆尽了。"对于你刚才鼓舞士气的讲话，我们表示尊重，但是现在我们这里已经有危机了，我一定要查出究竟发生了什么？我想大家的心情应该和我是一样的。如果有人发现了什么异常的情况，请立刻向我汇报。"

多里安从树枝上一跃而起，伴着一阵风飞走了。剩下的鸟儿们面面相觑，大家沉默了好久之后，相互道别，一一离开。会议就这样结束了，会场留下的只有一些凋落的羽毛。

尽管鸟儿们在这片森林里已经居住多年，但还未遇见过如今这样的状况，一种不安的氛围笼罩着整片森林。

# TAKING FLIGHT!

# 老朋友

第二天，塞缪尔和莎拉很早就起床了，它们准备前往北方，去拜访一位老友。它们并排飞着，越过了起伏的群山和高耸的瀑布，又飞过了一条小溪，小溪旁尽是长满青苔的岩石。突然，它们发现，岩石旁边有两个人正在拣树枝，好像要去点篝火。在一块红色的花岗岩巨石旁，它们盘旋几圈之后，降落下来。因为那里是它们信赖的老朋友——变色龙泽维尔经常出没的地方。泽维尔善变的肤色与石头颜色搭配得天衣无缝，它们差点没认出它。

塞缪尔和莎拉很少出远门，泽维尔看到它们大驾光临，很是开心。相互问候之后，泽维尔问："来找我有什么事情吗？"

塞缪尔清了清嗓子，说："实际上，我们想请教你一些问题。"

让它们惊奇的是，泽维尔已经知道了那棵倒下的大树，也听说了理事会上大家激烈的争吵。

"你是怎么知道的呢？"莎拉不解地问。

"消息传得很快啊，"泽维尔回答说，"听说理事会开得特别不顺，我猜你们是来找我商讨对策的。"

莎拉叹了一口气，"我们不知道该怎么办，伙伴们都心灰意冷了。"

泽维尔微微一笑，"你们族群曾经知道此时需要做些什么，但是随着时间的推移，你们渐渐忘记了……"

塞缪尔听了，不解地问："你的意思是，对于倒下的大树，我们本应知道该怎么办？"

"不，不，不，"泽维尔接着说，"比那个更重要。你们猜猜，变色龙是怎样存活下来且茁壮成长的？毕竟，对于住在森林里的伙伴们来说，每个族群都拥有一套适合自己生存的技能，随着时间的推移，这些生存技能日积月累，已经形成了宝贵的经验与财富，但这并不是真正的生存之道。"

泽维尔停了停，塞缪尔和莎拉茫然地看着它。

泽维尔紧接着说，"我的朋友，生存之道的秘诀是适应。"

"但是我们不能像你一样改变肤色啊！"莎拉焦急地说。

"对的，但是真正的适应与外表无关，

> 生存之道的秘诀是适应。

而是内在更深层次的东西。事实上，如果你们选择去适应它，知识才是迎接挑战的真正武器。"

出于好奇，塞缪尔和莎拉让泽维尔继续说。

"其实这很好理解，"泽维尔补充道，"我得提醒你们，仔细想好你们到底想要什么。我不能告诉你们怎样去做，而只能提供我的想法。"

说到这里，泽维尔仔细看了看它们，接着说："其实你们根本就不了解彼此。"

塞缪尔和莎拉听了，都惊讶地抬起了头。"这话说错了！"

莎拉犹豫了一会儿，温柔地说："我说这话不是不尊重您，泽维尔先生。我们那群伙伴，祖祖辈辈都住在一起，我们都认识了很多年了。我妈妈和克里斯特尔的妈妈是最好的朋友。"

"而且我爸爸和多里安的父亲、爷爷无话不谈。"塞缪尔插了一句。

"而且，在我们小的时候，"莎拉接着说，"我们经常和因迪、艾薇还有其他鹦鹉一起玩儿。当然，它们有时候对我们是凶了点儿，但是还不至于让人讨厌，我认为我们彼此是相互了解的。"

泽维尔听了，温柔地笑了笑，"请允许我解释一下，"它说，"你们的确在一起许多年，并且相互分享了生命中的许多经历，但是你们没有真正地了解过彼此，而这正是影响你们解决这次危机的关键。"

说着，泽维尔靠近了它们一步："很久以前，我的变色龙祖先们就知道，动物们有四种不同模式的行为。这已经成为我们生存的关键。而且，我乐于与你们分享这些。让我们一起看看你们的社区。"

泽维尔捡起一根树枝，在地上画了一个"×"，说道："我会简化一下，把多里安'Dorian'缩写为'D'放在左上角。"接着，它把因迪和艾薇的名字缩写首字母"I"放在右上角。然后，它把塞缪尔、莎拉的名字首字母"S"和克拉克、克里斯特尔的名字首字母"C"分别写在右下角和左下角。

两只小鸽子看着泽维尔，心想：它在做什么呢？

"你们每个人都有一种独特的风格、一种表达自我和理解世界的方式。如果你们真正懂得这四种不同风格的行为模式的表现方式，那么交流和合作起来将会变得很简单。不幸的是，你和你的同伴们都缺乏这种认识。"

说着，泽维尔的身体变成了一种庄严的金黄色。

"哇！"塞缪尔惊叫着，"你看起来好像多里安啊！"

泽维尔咧嘴笑了，说道："现在想想多里安，它行动果敢，视野广阔，热心负责，拥有绝对的领导能力。但它的交流方式太直接、太急于求成了。"

"说得太对了，"莎拉说，"它要是能多听一下别人的建议就好了。"

"如果有谁愿意理解一下多里安的做法，它就会发现，其实，多里安可以成为一个很好的倾听者，"泽维尔解释道，"只是多里安没有你的那种耐心和同情心去倾听罢了。它的风格就是快速地分清形势，然后提供解决方案。它是一个问题决断者。"

> 每个人都有一种独特的风格、一种表达自我和理解世界的方式。如果你们真正懂得这四种不同风格的行为模式的表现方式，那么交流和合作起来将会变得很简单。不幸的是，你和你的同伴们都缺乏这种认识。

"我从没那样想过。"塞缪尔说。

就在这时候，泽维尔的皮肤突然变成一道由紫、红、绿、黄、蓝五种颜色组成的彩虹。塞缪尔和莎拉都笑了，它们知道泽维尔现在像谁了。

"就如同它们羽毛闪亮的色彩，"泽维尔接着说，"鹦鹉为森林带来了更多的活力，它们呈现出阳光般的热情。对于它们来说，活着的每一刻都充满了欢乐和激情。它们喜欢与伙伴们交流，用它们的阳光和热情感染每个同伴。"

"说得太好了，"塞缪尔补充道，"我妈总是开玩笑说，鹦鹉能把冰块卖给企鹅。"

"是的，"泽维尔说，"就算别人只能看到死角，它们也能带来新鲜的想法和创造性的解决方案。"

泽维尔的肚子突然变得雪白，而它的羽毛则变成了猫头鹰的棕褐色。

"克拉克和克里斯特尔，它们总是活在自己的小小世界里。它们本能地分析着周围的世界，探究一件事情是怎样起作用以及是如何相互联系的，然后，它们建立由结构构成的系统。对于克拉克和克里斯特尔来说，精准意味着一切。如果没有精确的数据，就没有让人信服的证据，自然不能作出合理的决定。"

莎拉红着脸说："我感觉好羞愧。我一直认为猫头鹰是控制狂，它们总是在习惯性地告诉别人要怎样去做。"

"它们也许会提供一个框架，但绝不是为了控制，它们只是想去帮助大家。"泽维尔解释说。

正说着，泽维尔又变成了温柔的灰白相间色。

"哈哈，"莎拉笑了，"这是我们啊！"

"你不必剖析我们鸽子了，"塞缪尔带着超乎寻常的自信接着说，"我们了解自己。"

"啊，我的朋友，自我觉察比你们想象的要难得多，"泽维尔叹了一口气，"一个伟大的变色龙哲学家曾经说过，'了解自我是最高级的智慧。'"

塞缪尔和莎拉看着彼此，它们怎么会不了解自己呢？

"鸽子把和谐带给森林的伙伴们。你们很在乎同伴的幸福，总是带着热情的同理心去倾听它们的心声。当它们陷入困境的时候，你们总能耐心而又冷静地去面对，这让你们的同伴感觉你们值得信赖。尽管稳定的正能量能够帮助你们慢慢适应各种情境，但是当突发事件到来时，你们仍然难以静下心来，冷静地处理。"

"就像那些倒下的树？"莎拉微笑着问。

"嗯，"泽维尔回答，说着变回了自己本来的肤色——绿色。

莎拉吃惊地说："你确实很了解我们！"

"这很难想象，"塞缪尔说，"我甚至不明白这一切意味着什么。"

"意思就是，"泽维尔回答，"很多时候，大家很容易误会彼此。但是，当你对这四种行为模式有了基本的了解之后，你就能真正做到与异己者和谐相处了。"

"我想，如果所有的鸟儿都能理解其他同伴的风格，我们将会真正地做到和谐相处。"塞缪尔边说边点头。

"如果能化解这场危机的话，那就更好了。"莎拉补充道。

塞缪尔和莎拉笑了，它们突然意识到，即使是自己无意中说的话，也与自身的行为模式风格相一致。在接下来的时间里，它们和泽维尔继续畅谈，直到深夜。新的一天即将到来！

# TAKING FLIGHT!

# 会议余波

第二天，整个鹦鹉家族聚集在一起，它们对理事会的决议感到异常失望。艾薇觉得多里安太过偏执，因迪也不喜欢多里安说话时的轻蔑口吻。很显然，事情已在控制范围之外了。

"我们并非生活在一个虚幻的世界中，"因迪愤怒地对它的同伴们说，"我们就生活在现实中。我们需要寻找光明的一面，因为很显然，森林现状我们每个人都看得到。"

"但是如果前方没有光明，"艾薇问道，"那又拿什么来保证我们可以安心地前进呢？"

"你说得没错！"鹦鹉家族当中地位较高的伊吉大声说道。

"伙伴们，你们还记得去年冬天我们度假回来的那一次吗？连猫头鹰都说我们不在时森林很安静。"艾瑞斯回忆道。

"的确，"因迪说道，"当我们不在时，它们觉得失去了活力。但是当我们在这里时，它们又抱怨我们生活在一个虚幻的世界中！"

所有的鹦鹉都同意这种说法。

突然，艾瑞斯离开它所在的树枝，直冲云霄。因迪、艾薇和伊吉紧随其后。然后，它们又突然停止拍打翅膀，像岩石一般从天而降，并且不断发出"哇——咚——"的声音！如果哪只鹦鹉在落向地面的过程中没有尖叫，那么它就是这场游戏的获胜者。

它们已经很久没有玩这个游戏了，但今天似乎很有必要来玩一把，以此来鼓舞鹦鹉家族的士气。

熟悉的令人愉悦的尖叫声响彻整个大地，鹦鹉们在欢愉的同时也惊扰了其他的鸟儿。"如果这一次又有哪只鹦鹉在冲击地面时受伤的话，"多里安想，"我绝对不会再帮它们了。"

就在不久前，克拉克和克里斯特尔私下里也就大会当天的情形交换了意见。最后，克里斯特尔打破了沉默。

"克拉克，不要再生多里安的气了，它的用意是好的。"

"我没有生气。"克拉克强调说。

"真的吗？"克里斯特尔问道，"如果我是你的话，我就会很生气。"

"真的，我并不生气。"克拉克重申道。

在接下来的几分钟内，克拉克一直在反复清洗身上的同一个地方，然后，它终于爆发了。"你知道的，如果多里安采用我们的方法的话，它就能立刻发现问题。但实际情况却是，它只是一直在森林上空盘旋，然后无知地赞美着它的'宏伟蓝图'，却不去关注这片土地到底发生了什么。此外……"

"那么，你很生气？"克里斯特尔打断说。

"当然不是！"克拉克辩解说，"还有，千万不要让我再去面对那些叽叽喳喳的鹦鹉了。"

"我知道了。"克里斯特尔说。

"你当然得知道，"克拉克继续说道，"它们已经完全忘记发生过的事情，并且它们没有一点责任意识。它们难道不了解团队的价值吗？它们是那么……古怪！它们是怎样成功地存活至今的？这真是不可思议。这些鹦鹉对咱们猫头鹰家族所做的贡献一点儿也不尊重，如果没有我们，这片森林将陷入混乱之中。"

"它们似乎对我挺好的，"克里斯特尔笑道，"我很高兴你不生气。"

"你？"克拉克坚持道，"一点儿也不。"

森林中
又倒下了一棵树

两天过去了，森林里的情况并没有好转。紧张的氛围就像浓雾一样弥漫在空气中。甜美的晨歌也消失了，大部分的鸟儿都蜗居在自己的树上。

在猫头鹰的树上，克拉克和克里斯特尔细细回想着理事会当天的事情，仔细地讨论着大树倒下的各种可能。然而鸽子们聚在一起，却没有讨论那棵倒下的树，因为它们并不想将这件事情的后果扩大化，那样对谁都没有好处。

鹦鹉们仍然保持着乐观的心态。它们试图用幽默的态度来缓解森林中的紧张气氛，这样的状态却把猫头鹰推向了愤怒的边缘。

多里安在巡逻，好像在执行一项任务，因为没人能理解它的工作，它备感气馁。但同时它又对这种手握指挥权的状态感到高兴。尽管它不想承认这个事实，但是更高境界的警觉性使它比之前更有活力。它强烈的专注力和决心使鸽子们消除了对它的疑虑。尽管克拉克仍然希望多里安当时能够跟随它所绘制的地图巡逻，但现在它也比较欣赏多里安执行任务的决心。

多里安对于其他鸟儿是否会参与它的行动仍未抱一丝期望。它翱翔在 10 000 米以上的高空，俯瞰眼下的这片森林。

当多里安第四次经过森林的时候，某样东西吸引了它的注意。在浓密的森林里有一片空白地带，一棵树屹立在那里。多里安倾斜着滑翔降落，它想观察一下下面的具体情况。它降落至略高于树冠的位置上，接下来它所看到的景象使它的肾上腺素急剧上升。

一棵高大、成熟的榆树伸展着强健而茂盛的四肢却平躺在大湖的北岸边。当多里安俯冲到更近的地方时，它发现另一棵树也已经与地面有了裂痕，因为震惊于这个景象，多里安的心脏猛烈地跳动着。

多里安立刻采取了行动，它急忙飞回森林，并在树顶上发出急促的怒吼和尖叫声。

"树倒啦！"它大声地向铁杉树林里的鹦鹉们叫喊，"又有两棵树已经倒下了。"

多里安降落在森林最高的榆树顶上，鹦鹉们从各个角落向它飞来，围绕在它的周围。

"又有不止两棵树倒下了，我不是在夸大其词，"它严肃地说，"我们都曾见到过死去的树倒下，或是活着的树被雷电击倒，但是现在发生的事件真的很奇特。我们现在的首要任务是弄清楚为什么会发生这种事情，以防同样的事情再次发生。"

在下达了子弹一样的命令之后，多里安命令鹦鹉们立刻到事发现场收集数据，并且尽快找出问题的根源。"有问题吗？"

没有一只鸟儿表示异议，多里安点了点头，然后飞走了。鹦鹉们一起飞向两棵树倒下的地方。

几分钟后，多里安飞越大湖，翅膀重重地拍打着，以此惊醒睡梦中的猫头鹰们。

"克拉克、克里斯特尔，让你们的同伴紧急集合，"多里安命令道，"现在我需要同它们讲话。"

太阳炙烤着大地，猫头鹰们很不情愿地从睡梦中醒来，拖着昏昏沉沉的身体前来参会，此时多里安已经开始不耐烦了，它开始轻点足尖。

在猫头鹰们集合完毕后，多里安讲述了最新的情况，它要求猫头鹰们从现在开始，尽量多去采访一些其他生物。"看看它们是否曾经听说过或者目睹过一些事情，"它命令道，"如果它们有看到或听到了什么，马上向我汇报。"

"你想让我们问它们什么？"克里斯特尔问道。

准备离开的多里安又蹲回到树上："搜集它们所知道的一切。"

"如果？"克拉克正准备发问，但此时多里安已经飞走了。

当飞到森林上方的时候，多里安回头一望，发现猫头鹰们并没有像鹦鹉那样立刻采取行动，而是拿着纸和笔，围成一圈，好像在画些什么。

"这是在干什么？"多里安迅速返回，它再次重重地拍打着翅膀，"现在不是让你们记笔记的时间！你们现在需要马上行动，抓紧时间外出采访，回来向我汇报。"

多里安飞走了，它心想："这些猫头鹰没有一点紧迫感，真不知道它们平日是怎样做事的。"

所有的猫头鹰都不喜欢多里安跟它们说话的方式。

"它以为它是谁？"克拉克想，"谁给了它权力来指挥我们？它根本不了解我们所做的一切的重要性。就像我父亲经常说的那样，'对准两次，袭击一次'。"

克拉克不屑地看了一眼飞在天上的多里安，说道："我们现在开始行动。"

在大湖的另一边，因迪、艾薇和几个鹦鹉朋友已经到达了出事地点。当它们到达目的地时，它们看到一群狼正在水里嬉戏。

鹦鹉们注视着倒下的大树。

"这些都是庞然大物，"因迪满脸惊讶地说道，"你们快看这些树的尺寸啊！"

"这些树上有巢穴吗？"艾薇问道。

"只有一个，但是这个看起来好像是不久之前被遗弃的，所以并没有造成什么实质性的伤害。"因迪答道，"那么我们到底是要寻找些什么呢？"

"线索啊！"艾薇大声答道，"我们现在是在侦察。"

"这可真是太可怕了，"因迪耸立起它的头，它非常同意艾薇的说法，"快看，那里怎么会有那么多的木头碎片？"

"这里是森林，当然到处都有木屑了。"艾薇答道。

"你知道，如果我们解开了这些谜团，我们将会成为英雄。"因迪意识到。

"当然，"艾薇点点头道，"它们将为我们举行一次游行，以表达对我们所做之事的肯定，我们将被森林铭记。"

"想象一下接下来猫头鹰和老鹰们会怎样评价我们，"因迪补充说，

"它们将意识到我们并不只是会娱乐而已。"

"游行过后，"艾薇说道，"我们可以专门建立一个节日来庆祝新的发现。"

"完全没问题。"因迪非常同意。

接下来，就在几尺之外的地方，因迪发现了一块红色布料样的东西。

"检查一下这个，"它说道，"我认为这是一个线索。人类是唯一能够留下这种东西的物种。我认为这就是叫作垃圾的东西。"因迪嬉笑着推了推艾薇。

但是艾薇却并没有在意因迪的发现，它一脸好奇地盯着地上，"树枝没有了。"

"这真的很奇怪，"因迪也发现了这一点，"但这点儿线索还不值得我们现在就去向多里安汇报，天要黑了，我们回去吧，明天早上再重新开始。"

就这样，因迪和艾薇离开了"事发地"，飞回森林深处。

此时，猫头鹰们还正忙着记录它们的采访内容。

# 相互指责

两天后，鹦鹉们和猫头鹰们都被叫到召开理事会所在的树上，报告它们的发现。克拉克一直盯着鹦鹉们的代表。"因迪和艾薇，你们发现了什么？"

"让我来告诉你吧，"因迪好似在炫耀着一个重大的发现，"我们得到了大量的信息。"

"大量的好东西，"艾薇补充道，"一开始，我们在现场看到一群狼。"

"我并不认为是狼推倒了树，"多里安不屑地提醒道，"你们还发现了什么？"

"树枝消失了。"因迪说。

"消失了？"克里斯特尔问道。

"它们去哪了？"多里安问。

"它们哪儿都没去，就是消失了。"艾薇回答说。

"那些树枝曾待过的树干上有什么标记吗？"克拉克试探着问，"你们有没有检查一下，看看这些树枝到底为什么不翼而飞？"

艾薇看着因迪，因迪看着艾薇，良久的沉默笼罩着会议现场。

因迪语气中充满了防备："那里刚下过雨，地上全都是泥土，除了散布满地的木屑，实在没有什么其他的东西，树枝就是消失了。"

克拉克皱紧了眉头："这就是你所说的'大量的信息'？你们有没有仔细观察一下木屑的样式？或者有没有画一幅当时的情景图，好让我们回顾？"

艾薇和因迪，你看看我，我看看你。

克拉克无奈地摇摇头。

多里安紧皱眉头，满脸不悦地说："好吧，我们继续。克拉克，你和克里斯特尔发现了什么？"

"嗯，与因迪和艾薇不同的是，我们对那些潜在的、可能了解情况的动物进行了大量的信息采访。昨天我和克里斯特尔早上六点整出发前往事发地点，我们马上就发现了七个可能知道点什么的动物，并且对它们进行了相关采访：两个两栖类动物——一只蛙和一只火蜥蜴；两个爬行动物——一条蛇和一只海龟；三个哺乳动物——一只花栗鼠、一只土拨鼠和一头美洲狮。我们与这些潜在的目击证人进行了谈话，询问它们的日常活动，这样我们就能……"

"七个？"因迪小声对艾薇说，"我们本可以至少和50个小动物聊聊天的。"

克拉克继续详细描述它们的准备活动，多里安睁大了双眼盯着它。

"它肯定很感动。"克里斯特尔想。

"你就不能严肃点？"多里安打断了克拉克。

"你不喜欢我们的计划？"克拉克问道。

"计划？"多里安怀疑地说，"我甚至不喜欢这项计划的想法。"

"很显然，"克拉克果断地说道，"你是因为不能理解我们在行动之前制定的相关策略，才会这么说的。"

"好吧，那你们得到了什么信息？"多里安打断说。

克拉克叹了口气："我正准备说。就像我刚刚说的，我们做了一个采访提纲，这个提纲会让我们获得很多信息。"

"你到底得到了什么信息？"多里安再一次不耐烦地问道。

"嗯，采访没有我们预想得那样顺利，我们并未获得丰富的信息。"克里斯特尔说。

"那你们有没有发现什么？"多里安怒吼道。

多里安抬起它的翅膀，因迪和艾薇偷偷地笑了。

"没有人能够告诉我们一些有价值的东西，"克拉克继续说道，"但有一点我们必须注意，我们现在有一个办法能使我们有效地收集信息，了解那边是否还有其他事情发生……"

因迪站出来说："得了吧，克拉克，你一定已经发现了什么。"

"这个……这个……那些花栗鼠特别可疑。当我们刚要开始采访时，它们就迅速逃离了。"

"它们逃跑了？"艾薇问道，"花栗鼠可是森林里最友好的动物之一，你们是怎么对待它们的？"

"经过缜密的思考，我以这样的问题开始，'昨天上午 10：15 你在哪里？在做什么？'"

"我猜这是典型的猫头鹰式问好。"因迪讥笑道。

"哇唔，"艾薇接着说，"我敢打赌，其他动物在你采访时，一定迫不及待地要跟你一起闲逛了。"

"我们在那儿不是'闲逛'，"克拉克冷静地回答，"至少我们知道如何评估现场的证据，尽管这些证据看起来平淡无奇。你们在那儿又做了些什么呢？想象你们的胜利游行？"

艾薇和因迪你看看我，我看看你。

多里安已经表现出愤怒了，"真是受不了，你们当中没有一个可以提供一些可靠消息的！"

"好吧，那你又发现了什么？我们尊贵的多里安先生？"艾薇讥讽着问道。

此时，猫头鹰与鹦鹉们结成了联盟，这是罕有的情况。克拉克也问道："的确，伟大的多里安先生，请告诉我们，你飞在10 000米的高空上，又发现了什么？我们都是您虔诚的聆听者。"

多里安快要气炸了，"这不是为了我，"它再一次声明，"你们当中没有一个发现有用的线索，大家就好像都在等待着下一场灾难的来临。"

"真的吗？"克拉克轻拍着翅膀说道，"谁给你的权力让你来领导我们？"

"够了！"塞缪尔坚定地打断克拉克的嘲讽。

大家都吃惊地望向塞缪尔。这只鸽子平日里不常讲话，所以，它一开口就吸引了大家的注意。

"莎拉和我请到了一位朋友，我们希望你们能听听它是怎么说的。"

# TAKING FLIGHT!

# 四种鸟儿的行为模式

鸟 儿们满怀期待地仰望着蓝天。当塞缪尔和莎拉说到它们的朋友时，大家都有点摸不着头脑。当大树里传出其他动物的声音时，大家都震惊了。

"谢谢大家的邀请，很荣幸见到你们。"听着这些话，鸟儿们感觉倒下的大树好像复苏了一般。

变色龙泽维尔坐到莎拉旁边。

克拉克宣布："除非三分之二以上的议员投票通过，否则严禁会议中有非鸟类生物的存在。"鸟儿们都瞪大了眼睛。

"克拉克，非常抱歉，考虑到森林鸟类对此次危机的敏感度不同，我们认为需要请求外界的支援。"莎拉解释道。

莎拉与塞缪尔在言行上的突破让多里安印象深刻，它暗自想着："好大胆的想法，它可能知道些什么。"

泽维尔慢慢地站起来，走向主席台，默默地审视着面前的与会者。鸟儿们都很好奇它脑子里在想些什么。漫长的沉寂过后，泽维尔终于发言了，它感叹地说道："看看台下，有如此多种类的鸟儿存在，而每一种鸟儿又有着自己的独特之处，只要大家了解到这些，就可以取长补短，共渡难关。"

"可是这里有那么多同伴，我都不太喜欢。"多里安嘟哝道。

泽维尔从指挥台上缓慢地爬下来，示意鸟儿们以自己为中心围成一个小圆圈。老鹰和猫头鹰还因为和大家近距离接触而感到不好意思，但它们很快便适应了。塞缪尔和莎拉则感到很舒适，就像在家里一样，它们喜欢巢居，它们的生活方式本就如此。

所有的鸟儿都保持注意力高度集中，接着，变色龙泽维尔向大家解释了四种不同的行为模式：老鹰的果断勇敢、鹦鹉的热情洋溢、白鸽的善解人意以及猫头鹰的精准无误。然后，它往后退了一步，安静地坐了下来。

"所以呢，"克拉克问道，"这对我们来说意味着什么呢？"

变色龙的目光慢慢投向每一个成员，对于它来说，眼前的鸟儿们逐渐变换成了一抹耀眼的色彩。塞缪尔和莎拉微笑着看着大家。

"当然了，"艾薇说道，"这对你来说很容易，你本身就是变色龙呀！"

> 泽维尔向大家解释了四种不同的行为模式：老鹰的果断勇敢，鹦鹉的热情洋溢，白鸽的善解人意，猫头鹰的精准无误。

"是啊，"泽维尔回答道，"对于大家来说，呈现出其他的颜色的确有点困难，但也不是不可能。"

鸟儿们感到十分诧异，它们对其他物种的了解不多。

"对于我来说，如果想要尽情地展示你的色彩，首先必须了解你自己"，泽维尔解释道，"当我看到多里安时，我感受到了它的自信和权威，这是我对多里安的认知。当我见到鹦鹉时，它向我展现了激情与自由，好似在告诉你，生命到处充满了欢乐。在猫头鹰身上，我感受到了精准和秩序，它给我呈现了一个结构化的世界，它能保证事物的品质和精确度。而只要想到白鸽，我就会被它的温暖和热心所感染。"

白鸽激动不已，心满意足。其实，当第一棵树倒下的时候，它们就有预感，鸟儿们一定会团结在一起。

突然，多里安厉声说道："你的建议是，仅仅因为欢乐，我就需要和鹦鹉一起娱乐；为了更好地了解猫头鹰，我就需要将一切事物复杂化。我不能这样做，这不仅亵渎了我的领导职责，而且也在浪费我的时间！"

"哦，请等一下，"因迪打断说，"你的领导能力到底有多少？"

塞缪尔和莎拉失望地叹了口气。

克拉克仔细地考虑了变色龙的话："我承认，当你介绍如此吸引眼球的行为观察术时，我确实暂时放下了逻辑思考与分析推理，并赞同你对大家的评价。"

莎拉坐立不安，为了把大家团结起来，它付出了很多汗水，为了能够让这次会议顺利开展，它也绞尽了脑汁。但是一切都表现得有点过火了。"麻烦大家静下来好好想一想，它请求道，"你们没有看到吗？这——你们现在所表现的一切——完全就像泽维尔所说的那样。"

泽维尔安静地点了点头，说："你们过于沉浸在自己的世界里，认为自己的行为模式是唯一可行的。"

"这有什么问题吗？这种行为模式非常适合我。在我还没出生前，我爸爸就是用这种行为模式，在我爸爸之前，我爷爷同样也是。"多里安大声辩驳道。

"我们也是这样。"鹦鹉们十分同意多里安的观点。

"好吧，"泽维尔说，"我很开心，你们共同认同了一些事情。但是，如果想解决这次危机，你们就应该多些包容，少些批判。"

你们过于沉浸在自己的世界里，认为自己的行为模式是唯一可行的。

克拉克双臂交叉，放在胸前。"这的确需要重新承受一些东西。"

"我还是认为大家不够尊重我的所作所为。"多里安说道。

"我们一直觉得你不太喜欢我和其他鹦鹉们。"因迪说道。

这时，泽维尔身上的颜色变成了树荫一样的棕色。塞缪尔朝它的朋友点了点头，说："非常感谢你，但我还是想请求您的原谅，您到这来都是为了……"

泽维尔也向塞缪尔点了点头，悄悄地离开了，留下其他鸟儿在那里喋喋不休地争吵着。

塞缪尔和莎拉对视了一眼，鸟儿们的争吵声此起彼伏。

"这件事就这样了吗？"莎拉沮丧地说道。

在树木没被砍伐之前，森林里是一片安静祥和的景象。尽管所有的鸟儿都知道自己是与众不同的，它们也坚信彼此之间的相同点多于不同点。但是，现在它们没有那么强的自信心了。

对于森林里的鸟儿来说，这个夜晚是寒冷的。

# TAKING FLIGHT!

# 反思

第二天，所有的鸟儿们又各自聚集在一起。鹦鹉们对昨天会议没能顺利开展下去表示惋惜。以前有太多的鸟巢可以居住，那时的它们认为，未来毫无疑问是充满希望的。

克拉克和克里斯特尔召集所有的猫头鹰进行紧急会议。会上，它们首先回顾了泽维尔的观点，而后讨论了这些观点是否有效。猫头鹰们是否都能够领会行为模式理论的意义所在？它们的感受是否和克拉克一致？有太多的分析和论证有待证明。

塞缪尔和莎拉邀请了一些白鸽朋友来家里做客，并准备了一些小吃。大家都对森林目前的状态表示不满。现在大家担心的是：泽维尔的深刻见解不仅不会拉近森林成员之间的距离，反而会使大家越来越疏远。

由于多里安从上空俯视着家园，它对飞行的意义有着全新的认识，它要保护树木，防止乱砍滥伐现象的再次发生。

一想到前些天的争论，多里安依然认为它的努力没有得到其他同伴的尊重。然而，它在森林上空盘旋了几圈之后，多里安陷入了沉思，事实上，如果自己真的像泽维尔表述的那样，那么作为领导者，它可能是问题产生的主要原因，这真是让人难以接受。

像多里安这种行动导向型的人，通常情况下是不会进行深刻自我反思的。然而，一旦它意识到自己是诱发问题产生的主要因素，那么它就会立即采取行动，解决问题。

这时，它恍然大悟。

"我在干什么？"多里安大声说道，"我们现在就可以解决这个问题。"

夕阳西下，老鹰在森林上方盘旋着，鹦鹉们也聚集在了一起，多里安飞了两圈之后，整理了一下自己的思路。

所有的鹦鹉都在抬头看着天空，它们惊讶于在理事会的讨论之后多里安翱翔的姿态依旧那么雄伟。

多里安降落到地上，它清楚地知道了自己的想法，会心地笑了一下。接下来，特别的事情发生了。多里安慢慢靠近了鹦鹉们，尴尬地尝试着与它们交谈。面对多里安突如其来的示好，鹦鹉们都不知道该怎么办了——多里安以前从没这样做过——但是不论先前怎样，大家都对它现在的表现表示欢迎。一番寒暄之后，多里安靠近因迪和艾薇，并切入正题："我们需要改变现状，这样才能解决这个迫在眉睫的问题。"

艾薇回答说："我们非常同意你的观点，我们都不喜欢猎枪，它会使我们无家可归。"其他的鹦鹉点头赞同。

多里安沉默了好一会儿。它已经作出了一个重大的决定，虽然它还不确定是否能够将这次事件摆平。

"早些时候我就意识到了，泽维尔可能是对的。我之前一直没有意识到，鹦鹉乐观豁达的性格也有种种好处。显然，这时你们会对缓解森林氛围发挥重要的作用。"

至少这一次，鹦鹉们没有争论不休，表达异议。

多里安继续说："还记得几年前反常的风暴袭击吗？"

"哦，当然记得，真是太不寻常了，"因迪说道，"也不知道它从何而来！"

"的确是这样，"多里安补充道，"风暴席卷了整个森林，如此之快，快到我们都没反应过来。就是你们——所有的鹦鹉们——充满了创造力，立刻找到了解决办法。你们号召大家飞到云彩之上，直到风暴结束之后，我们依旧安然无恙。你们才是真正的创新思想家。"

鹦鹉们洋洋自得地拍着胸脯，满脸惬意地重温着那段让人自豪的时光。但是现在，它们仍要回到现实中，面对当下的问题。

"但是，我却没有发现你们的创造性才能，反而要求你们都要像我一样，立刻行动起来……现在听起来，真是觉得有点疯狂，如果你们都像我一样，那么我们的森林可能真的要面临大问题喽。"多里安总结道。

一番对话后，鹦鹉们哈哈大笑。

艾薇自愿加入谈话中："我也一直在思考泽维尔的话，我们都曾期望别人按照自己的行为模式行事。"

"我知道你的意思，"多里安欣然点头，"当我在做一些事情，但是其他人却不能做时，我感到十分沮丧。"

"是啊，"艾薇说，"我们也常常感到困惑，为什么其他鸟儿不喜欢和我们做同样的事呢？"

"还有，当别人没有达到我们的预期时，我们就会以此来评判它们。"艾薇补充道。

多里安想："这里存在的实质性问题，要比看到的复杂得多。"它补充道："我知道让你们像我这样积极行动起来是不可能的，因为换作是我，我也不能立刻做到。说实话，正是直面挑战和解决困难的动力，激励着我不断前进。"

"那是因为你擅长这样做，多里安。"艾薇坚定地说道。

多里安咧着嘴笑了："我想，我们都需要对彼此加深了解，认识到每一位成员都能给森林带来什么、做出什么贡献，那么我们就能解决这个问题，甚至能解决任何问题。"

那一刻，太阳消失在地平线上，鹦鹉们齐声歌唱："快乐时光！"

"希望你们一直拥有'快乐时光'。"多里安笑着说。

"我想这只是时间问题，"艾薇开玩笑似地推搡着多里安，说道，"你也加入我们的队伍吧。"

多里安咯咯地笑着："是啊，为什么不呢？谁知道沉浸在快乐的时光中会发生什么呢？"

"哦，你以后会发现的。"因迪笑着说。

# TAKING FLIGHT!

# 觉醒

接下来的几个晚上，"咔嚓咔嚓"的碎裂声让莎拉惊恐不安。每当莎拉和塞缪尔沉沉地睡去时，它们都会被巨大的断裂声惊醒。它们的家也摇摇欲坠。

"我们必须马上离开！"塞缪尔惊恐地尖叫道。

"把东边树枝上的所有鸟儿都叫醒！我们要搬到西边去！"莎拉哭泣着喊道。

于是，莎拉和塞缪尔从一个树枝飞到另一个树枝，迅速地叫醒每一只鸽子，这时已经有一些鸽子被剧烈的震动声惊醒了，但绝大多数的鸽子还在睡梦中，不知道发生了什么。

"我们必须离开这儿！"莎拉大声说道。

"你说什么？"莎拉的堂兄说道，"我要睡觉，我坚决不会离开这里。"

"你必须这样做！"莎拉坚定地说。能说出这样铿锵有力的话语，莎拉自己也震惊了。

整棵树被震得向左倾斜，一根粗大的树枝压到鸟巢上，两只鸽子被困住了，它们的孩子也被困在了里面。

"你们还好吗？"塞缪尔焦急地问。

"我们被困在里面了，没法出去！"被困的鸽子尖叫道。

塞缪尔发现了一群正在逃离的白鸽，大声叫住它们。指着其中的两个说："你们俩飞到树枝的另一端，其余的留在这边！"

刚从巢中逃离出来，鸽子们筋疲力尽，心有余悸。大家都听从着塞缪尔的指挥，挥动着翅膀，停留在塞缪尔指定的地方。

"大家集中注意力，"塞缪尔指挥道，"数到三，大家就把树枝拉开，我去把它们救出来。一、二……"

就在这时，树枝猛烈地摇晃到右边，鸟巢摇摇欲坠。幸好鸟巢被树枝包围起来，暂时还不至于立刻坠毁在地。

"孩子们可以先飞出来吗？"塞缪尔大声问道。

"不行！"被困鸽子的父母亲回应道，"我们没法把它们带出来！我们该怎么办？"

莎拉及时赶到，目睹了事件的全过程。树干和树枝断裂的声音越来越大。

"我们可以把鸟巢移出来，"在它的指挥下，鸽子们行动起来，"你们四个把树枝抬高，你们三个在下面支撑着，当鸟巢滑落下来的时候，我们接住它，然后再把它安全地护送到地面！"

"什么？"有些鸽子大声叫嚷着，反对莎拉的意见，"不能这样做，我们以前从没这样做过！"

"那好，不管以前有没有这样做过，你们现在就需要这样做，这是目前唯一的办法了。"塞缪尔大声地对同伴解释着。

树枝已经在猛烈地摇晃了。此时，第一小组一起用力，把树枝抬了起来。鸟巢摇摇欲坠，白鸽夫妇用力抓住它们的孩子，树枝倾斜得更厉害了，鸟巢在半空中神奇地保持住了平衡。白鸽家庭不知所措，但这种方法看起来似乎是可行的。这时塞缪尔、莎拉和其他白鸽一起在下面接着，它们轻轻地将鸟巢转移至地面。片刻过后，鸽子们心爱的家园断开了一个巨大的缝隙，倒在溪水里，溅起了巨大的水花。

白鸽们拥成一团，围在倒下的树枝前。木屑撒了一地，突然，塞缪尔发现了一组奇怪的脚印。

莎拉坐下来，逐渐恢复了镇定。它以前从没处理过类似的危机事件，这次危机事件使它紧张到无法呼吸，它承受了一次从未体验过的巨大压力。

其他白鸽仍然惊魂未定，半信半疑地看着莎拉。

过了一会儿，鸽子们慢慢散去，大家都在寻找可以暂时休憩的地方。鹦鹉们被鸽子家族的吵闹声惊醒了，了解情况后，鹦鹉们纷纷将鸽子们叫回自己家休憩。在艾薇和因迪听了塞缪尔和莎拉的描述后，它们俩也变得不知所措。

"就目前的情况来看，这是人类的行为，所以我们接下来必须要查明这到底是谁做的。"因迪信誓旦旦地说。

艾薇敬佩地看着塞缪尔和莎拉，赞扬道："你们是英雄！"

听了艾薇的表扬，塞缪尔和莎拉的脸都红了。

"我想说，"莎拉承认，"当时，我多么希望多里安在场啊，如果它在的话，就可以井然有序地指挥我们具体该怎样做了。"

"是啊，"塞缪尔说道，"但是你这次的表现和多里安一样优秀，你展示了自己在危机时刻的睿智和果敢，我从未意识到，果断和勇敢可以发挥这么大的效用。"

# 家规

几个小时内，整个森林家园沸反盈天。森林理事会将在黎明时分召开紧急会议。理事会成员们都在日出前赶来了，只有塞缪尔和莎拉因去侦察新的栖息树而没能参加。

在鹦鹉群情激愤的叫嚷声中，因迪厉声道："从来没有人在破坏规矩后，还能逃脱惩罚！"

因迪话音刚落，克拉克便接着说，"这次会议大家都按时参加了，我们决不允许破坏规矩的行为再次发生。"

多里安一个箭步迈到主席台上。紧接着，它给理事会带来了更坏的消息，告诉大家已经没有时间可以耽搁了。"昨晚，圣湖北边又倒了三棵树。许多鸟巢被摧毁。所幸大家都及时逃了出来。"

"又倒了三棵！"艾薇双翅紧捂胸口，愤怒地惊呼着。

"如今情况越来越糟，已经不在我们的控制范围内了。"克拉克斩钉截铁地说。

"听着，"多里安宣布，"眼下事态严峻，大家必须齐心协力，共渡难关。我们已经没有时间再争吵了。"它站上更高的位置，继续喊道："对于上次会议的结果，我会承担起全部的责任。虽然上次我的一席话并没能帮助大家实现目标，但我发誓，这次一定会做得更好。"

理事会成员们都对多里安罕有的谦虚态度表示震惊，大家不由得点头称赞。

"公正地讲，我们大多数人并不愿意听取泽维尔的建议，"克拉克接着说，"当然，我们也不太在意每个人对森林所贡献的价值。"

多里安答道："你说得对，克拉克。我一直在琢磨如何处理上次的坠落现场，而且这次我要试试其他办法。"

"那我们就着手行动吧！"因迪说。

"前几天那两棵树倒下后，我没有关注到大家不同的行为模式就委以责任。这次，我们每个人都要把精力放在自己最擅长的事情上。"

"太好了，"克拉克说，"恕我直言，眼下我们确实需要更果断的领导。"

"谢谢你，克拉克。我们正想说这件事情，"多里安接着说，"这次，鹦鹉们应该去拜访可能的目击者，看看它们还知道些什么。因迪和艾薇很有亲和力，它们可以轻易地与别人建立起融洽关系，然后交谈。"

鹦鹉们听到这些话后，脸上绽放出了笑容。

多里安转过头看着克拉克和克里斯特尔，又继续讲："你们应该去调查事发现场3。我知道，凭借你们猫头鹰严谨的侦查技能，你们将会为我们提供可靠的事故评估，收集到有用的数据。"

"包在我身上。"克拉克跃跃欲试地说。

"非常好，"多里安肯定地说，"等太阳下山时，我们还是在这儿见吧，一起研究今天的发现。"

鸟儿们分散开，勤勤恳恳地工作了一整天。鹦鹉们拜访了一个又一个的目击者，猫头鹰们也做了满满几页关于大树坠落现场的记录。日落时分，鸟儿们都迅速赶回理事会大树集合，包括鸽子一家，鸽子们已经选好新的树木来重建家园。

会议开始之前，塞缪尔和莎拉向大家致歉，并感谢大家对它们的支持。

克拉克摇了摇头："说实话，你们鸽子总是能先人后己。在森林所有的鸟类中，我真不敢相信，这样的事情会发生在你们身上。而且……"

鸟儿们都安静下来——地上有个慢慢蠕动的东西，分散了它们的注意力。

地上的那个东西慢慢地向鸽子方向蠕动："我为你们家园被毁的事情感到伤心，如果有什么需要我帮忙的……"

"泽维尔回来了！"因迪大叫了一声，显然，泽维尔与周围环境融为一体的本领令它兴奋不已，"我希望它能教我几招。"

"因迪，你已经学会了！"泽维尔回答说。

"那么您还有什么要和大家分享的吗？"克里斯特尔问。

泽维尔看到有这么多乐于倾听的听众，心里非常高兴："如果你们愿意听的话，那么我就给大家讲讲这个原理，它已经指导了世世代代的变色龙。"

鸟儿们默契地聚集在泽维尔身边，围成了一个半圆。

"现在你们都知道，每个物种都有其自身独特的行为模式，"它开始说，"而我们却总是不顾别人的行为模式，一味地将自己的期望强加在别人身上。而且你们发现，当我们发挥自己的优势时，我们都散发着光芒。下一步，你们需要关注如何对待彼此。我时刻要求自己，以他人所欲待之，而非以己所欲。"

> 以他人所欲待之，而非以己所欲。

鸟儿们茫然地看着泽维尔，一脸不解。

"我有些疑惑，"克里斯特尔主动说道，"难道这不违反'以己所欲，待之于人'的'黄金法则'吗？"

"我明白你的意思，单从尊重、诚实及正直的角度来看，黄金法则的确很有用。"泽维尔说，"但当你与他人合作或进行简单的沟通时，你是应该以己所欲，还是以他人所欲，来对待呢？请仔细想想。"

泽维尔露出笑容，然后从理事会大树上滑了下来。不一会儿，便消失了。

大家都不知道接下来该怎么办，会议陷入了沉默。

随后，因迪突然出声："小蜥蜴也有大智慧。"

大家都笑了起来，直到多里安将话题转回正题："好吧，的确很有意思，但我希望大家将注意力转移到眼前的事情上来——那些倒下的树。"

"如果可以的话，"克拉克打断说，"我相信，四种不同行为模式的同伴们正聚集在我们周围。继续之前的话题，我想知道鹦鹉们通过采访获取信息的具体过程。另外，我还想和大家分享，我是如何通过观察来获取资料的。我请大家不要从发现的结果开始讨论，而是要先描述过程，然后作一个总结。大家觉得这样可行吗？"

多里安深吸了一口气，思量着泽维尔刚刚说的话。"好吧，我猜想我得按你们所期望的方式来对待你们了。所以，尽管认真听取整个过程对我来说有点困难，但我还是会尽量去听，因为它对你们很重要。"多里安停顿了几秒后继续说，"事实上，我想它对我也同样重要。我的意思是，我应该了解过程。"

莎拉同情地看着多里安："我明白你的意思。我和塞缪尔刚刚体验过，脱离自身本来的行为模式去行动是多么令人精疲力竭。但我必须说，昨晚果断地利用权威指导他人真的可以发挥很大作用。我想我们正在挖掘泽维尔所说的支配型行为模式。或许我们心目中的猫头鹰也可以给我们带来另一些意想不到的帮助。"

"还有什么质疑的吗？"因迪呼喊道："泽维尔说得绝对正确！我是说，我们都可以从'以他人所欲待人'中受益，对吧？让我想想……我们已经有'黄金法则'了……不如，我们就称它为'家规'吧？"

"说得好，"莎拉郑重地说，"毕竟，当我们以他人所欲待人时，别人才会真正感到舒适。"

理事会成员们一致表示同意。

"就是这样！"多里安宣布说，然后看了一眼克拉克，并要求它在记录会议纪要时将家规详细地写下来。

"明白了！"克拉克头都没抬地确认道。

"鹦鹉们，你们先来，"多里安说，"告诉大家你们的发现。"

鹦鹉们同时飞到理事会大树中心的树枝上。因迪开始兴奋起来，"一切尽在我的掌握中，当我与美洲狮多娜对话时，我直接开门见山。我会跳过所有的闲聊，直奔主题，因为它的行为模式和你一样，多里安。"

多里安得意地笑着说："没有人能和我一样！"

艾薇接着说，"和多娜交流，最重要的就是直接和自信；否则，它将会把你当作午餐。"

"是啊，'尖叫芝士糖霜鹦鹉蛋糕'。"因迪打趣道。

艾薇和因迪自娱自乐地笑了起来。

"好吧，那么结果是什么呢？"多里安问道，"它跟你说了什么？"

"没什么"。艾薇说。

"但至少我们知道，它什么都不知道。"因迪说。

"而且它同意把耳朵贴到地上去听，如果它听到什么的话，会告诉我们的。"艾薇说。

"你说服了美洲狮去帮你做这些？你太厉害了！"多里安惊呼道，"不论如何，请像对待美洲狮一样对待我，这样，我们的关系也会越来越好的。"

"我觉得没有人像你一样。"因迪嘲笑地说。

"继续说下去，虽然你开始变得让人讨厌了。"多里安面无表情地说。

因迪继续道："接下来，我们碰到了鹿群，莎莉、索尔以及它们的小鹿。多么幸福的一家啊！总之，它们的行为模式就如塞缪尔和莎拉一般，所以我们很耐心，轻声细语，而且很真诚。"

"是的，"艾薇插嘴说道，"我们没有直接进入正题，而是先和它们一起度过了一段美好的时光，甚至还和小家伙们一起做游戏。"

"等一下，"克拉克说，"我并不是质疑你的方法，但是你们怎么在游戏中收集信息呢？"

"当我们和小鹿一起做游戏时，"因迪回答说，"我们渐渐地和它们建立了感情基础，博得了它们的信任，所以它们才把信息告诉我们。"

"这听起来有点像故意为之。"克里斯特尔说。

"根本不是，"艾薇答道，"我们仅仅是遵守了'家规'的要求！我们正是以它们所需要的方式去对待它们，和那些孩子玩它们爱玩的捉迷藏游戏！"

"我想告诉你们的是，"因迪补充道，"首先，鹿群不太愿意谈论这次危机，我们希望它们感到舒服一些，否则，我们什么都不会了解到。"

"然后呢？"多里安急迫地追问。

"它们已经两个多星期没有见过人类了。"因迪漫不经心地说。

"现在我们说说其他地方！"多里安强调说，"下一个是谁？"

"哦，然后我们飞到了一群蜂窝旁。我们并不认识它们中的任何一位，所以我们不得不格外小心。"艾薇说，"蜜蜂非常严格、苛刻……就像我们的猫头鹰朋友一样，所以，我们采用谨慎型行为模式同它们交谈，我们时刻让自己的大脑保持理智与镇静，还努力让它们了解我们此次行动的背景。"

"哎呀，"因迪边说，边擦着额头上的汗水，"这真是太累人了。"

"这对我而言意义非同小可，"克拉克肯定地说，"但是我很好奇的是，你们是如何知道要这样去做的呢？我的意思是，你们是怎样知道它们是谨慎型行为模式的动物呢？"

"非常简单！"艾薇说，"它们以完美的队列飞行，用标准的口吻说话，而且只说相关的事实和细节。它们和你一样，克拉克！也和你一样，克里斯特尔！所以，我们和它们交谈，就如同在跟你们交谈一样，真的很有效！如果你留意其他动物的一言一行，就会发现，运用'家规'行事，其实很简单。就拿我们鹦鹉为例，我们绝大多数时间都很活泼乐观。所以，如果你想跟我们和睦相处，只需要一起闲聊、开怀大笑就好了。"

"所以，你们就是这样做的，"克拉克说，"因迪，你已经和泽维尔一样了，你能够快速地对行为得出观察结果，然后调整你的行

> 运用"家规"行事很简单，只要你留意他人的一言一行。

为模式，使其与个体及处境相匹配。你已经学会了那招，就像泽维尔说的那样。"

"太酷了！"因迪回答。

鸟儿们继续讲着，凛冽的大风带来一阵寒意。鸟儿们本能地从树梢挪到大树中央，以此来保护自己。多里安注意到，天空中乌云密布。

"无论如何，它们需要一些时间，"因迪继续说，"但最后，我们

的新朋友蜜蜂科尔说它们的蜂巢在第一棵倒下的树上。蜂巢在那次坠落中幸免于难，但在树枝被小溪冲出圣湖后，蜂巢和树枝还是分开了。"

"什么？！"克拉克惊呼，"树枝从一号树上掉了下来？"

因迪点点头。

猫头鹰显然不安起来，开始来回踱步，然后突然宣布说："我们得走了！"

"去哪？"多里安问道。

"没有时间解释了。"克拉克回应道。

"但是暴风雨快来了。"艾薇说。

克拉克一跃，从树枝上飞起，直冲天空，多里安紧随在后。鹦鹉、鸽子和克里斯特尔都大眼瞪小眼地站在一旁，不知道发生了什么事情。过了一会儿，多里安转过头来命令道："我们走！跟上克拉克。"

它们刚爬到树顶，天空中便下起了倾盆大雨，冰冷的雨水拍打着鸟儿们。飞行途中，多里安转过头问克拉克："发生什么事了？"

"为了整理坠落现场的资料，"克拉克大声喊道，"我们整理了一份综合性问题列表，用来重建并比较每棵倒下的树所应发生的事情，而不只是刚倒下的那棵。"

多里安的脸上掠过一丝担忧。

"别担心，我亲爱的朋友，"克拉克轻声地笑着说，"我们并不是整天都在做这些。"

突然，一道闪电划破天空——鸟儿们在暴风雨中翱翔，开始有了危险。鹦鹉奋力地在狂风骤雨中飞行。队伍中个头最小的鸽子只能勉强地跟上队伍。

"快点，各位，我们一定能渡过难关！"艾薇鼓励道，"我们一定行！"

震耳欲聋的雷声回荡在四周。

克拉克继续喊道，声音甚至高过雷声："我们已经确定了事发现场的调查重点，例如，'每棵树上的切面都一样吗''我们寻找的罪魁祸首是一个吗''为什么单单是这几棵大树倒下了呢'，我和克里斯特尔认为，这可能与它们的位置有关。"

"克拉克，我很感动，"多里安回答说，"真的很受感动。尽管我的羽毛快冻掉了，但我非常满意你们的这个总结！"

克拉克接着说："我们发现，在事发现场 2 中，有树枝坠毁，而在事发现场 3 中，即塞缪尔和莎拉原来的家园，却并未发现坠毁的树枝，根据事发现场 1 的现状来推理，我们预测，作案者很快会回到鸽子原来的家园，即事发现场 3，移除树枝，完成剩下的工作。"

"当它们作案时，"因迪从后面喊道，"我们就当场抓住它们！"

"干得好，克拉克！"多里安说。

莎拉微笑着，它感受到了前所未有的强大的团队力量。

# TAKING FLIGHT!

# 齐心协力

在事发现场 3，尽管鸟儿们浑身湿透、瑟瑟发抖，但它们没有抱怨。作为团队中年龄最大的一员，多里安困难地蹲伏在一棵树后，一棵它能发现的最大的树。

"我必须说，克拉克，"多里安说，"你小心谨慎的天性，对我们实在是太有用了。你提的所有问题，也都补充了我们可能会遗漏的细节和模式。"

"我也一样，"因迪说，"你知道的，我一直认为你问这么多问题是因为不信任我们，其实你一直在设法获取最精确的信息。"

"哦，当然！"克里斯特尔答道，"我们并非有意冒犯任何鸟。我们只不过是想把事情弄清楚，保证每次行动都准确无误。"

"每次都完全正确？"多里安大笑，"对于我来说，生活才不是那样的！我会在下一次挑战来临之前告诉自己，这一次要做得'更好'！"

多里安又挪动了下身子，试图让自己更舒服一点儿。塞缪尔看着它。过去几天发生的事情激发出了鸽子勇敢的一面，而且它也有一些话想对多里安说。

"我经常把你的……鲁莽，理解为无视我们的感受，"塞缪尔承认道，"但昨晚，我感受到了你的能量，我现在才意识到，当问题出现时，你只是想解决它们，这样就可以继续下一步。这并不是说你不在乎，事实上，你只是将关注点放在了怎样解决问题上，而不是陷入无谓的情绪当中。"

"天性使然，"多里安承认，"如果你已经学会了怎样利用你体内的支配型能量，我想，必要时，我也可以学会开发自己体内的互动型能量和谨慎型能量，为己所用。"

艾薇大笑："我告诉你，我敢说，现在我们一直在调整彼此的行为模式！

"我并不认为是一直，"克里斯特尔说，"但很明显，通过简单地观察他人的行为，我们就可以确定他们的行为模式，并理解他们为什么会这样做或那样做。了解了他们的意图后，我们就可以做到相互理解了。"

"说得好！"克拉克边说边记录下克里斯特尔所领悟到的东西。

鸟儿们整晚都待在事发现场 3，小雨还在不停地下，猫头鹰负责守夜，它保持着高度的警惕。

清晨，天空放晴了，太阳若隐若现的光束把空气都照亮了。猫头鹰略带嫉妒地看着几只知更鸟在捕虫。多里安发现，一群狼正在追赶兔子。因迪和艾薇正满心欢喜地观察着树旁两只上蹿下跳的松鼠。

> 很显然，通过简单地观察他人的行为，我们就可以确定他们的行为模式，并理解他们为什么会这样或那样做。了解了他们的意图后，我们就可以做到相互理解。

"快看，松鼠竞赛！"因迪大喊道。

"嘘！"克拉克低声地说，"你这样会暴露我们的位置。"

鸟儿们静静地看着日出，从寒冷的早晨一直等到下午，事发现场

3仍然没有任何动静。鹦鹉们几乎失去了所有的耐心，但与多里安比起来，它们还是比较冷静的，因为多里安对身份不明的作案者早已满腔怒火。

天空中布满了红色和黄色的彩霞。多里安越来越不耐烦，"太难捱了。"它心想。

正在这时，它突然出现了。

因迪是第一个看到它的，因迪用翅膀碰了一下克拉克，说："嘿，那是什么？"

"真不敢相信。"艾薇说。

"肯定是！"克拉克说，"现在问题都弄清楚了！树枝、木屑、附近的小溪，它是……"

"真想不到！"艾薇打断说。

"是河狸！"因迪倒吸一口气，声音大到足以暴露它们的位置。

"之前，我们森林里没有河狸，"艾薇接着说，"哦，至少这说明了那里为什么会有狼。"

大家都一脸疑惑地看着因迪。

因迪说："听说，河狸吃起来像鸡肉。"

河狸抬头看了它们一眼，然后继续啃咬那根鸽子们曾经居住的树枝。

多里安眯起眼睛说："让我来处理这件事情！"

塞缪尔和莎拉异口同声地喊道："等一下！"

克拉克大叫一声："停下！我们先讨论一下……啊哦。"

当其他鸟儿正无助地望着河狸时，多里安从树后跳出来，大叫了起来。在大家静观了这一幕片刻之后，它们的恐惧变成了好奇。

多里安冲向河狸，咄咄逼人地跟它讲着话。

"看那边！"克拉克说，"没有谁能像多里安这样，这么气场十足地跟别人交流，它一定能让河狸明白它的意思。"

河狸正咀嚼着一根树枝，突然从树上掉了下来，但它并不是被多里安犀利的话语和目光所吓到。多里安因此更加愤怒了，它一边疯狂地向河狸比划着，一边还指着那棵倒下的树。

"情况不妙。"因迪蜷缩起来。

现在，多里安在盛怒之下开始威胁河狸，但河狸再次捡起那根树枝，继续咀嚼起来。

"哇，"塞缪尔看到多里安差一点儿用爪子打了河狸，问道，"多里安刚才打它了吗？"

"没有。它只是指着刚倒下的那棵树，"因迪说，"但是，我觉得它成功说服河狸的可能性为……"

"零！"艾薇认为。

多里安吃惊地站在一旁，河狸漫不经心地回头瞟了一眼多里安，镇定自若地离开了。

"为什么当我们的头号嫌犯离开时，多里安还在继续咆哮？"克拉克问道。

"毫无作用。"因迪宣布说。

多里安愤愤地飞回朋友们身边，发泄说："它根本就不理我！"

多里安气得直跺脚，接着又大叫起来："我告诉了河狸我的想法，可它却离开了。你们看到了吗？它离开了！"

"多里安，"克拉克说，"砍树本来就是河狸应该做的事情。"

"什么，你现在和它们是一伙的吗？"多里安火冒三丈地说，"它原话是这样说的，'我是河狸，我们砍伐了树木，但这本来就是河狸应该做的事情。'哦，我一定要找到它，处理好这件事情。"

"喂！"因迪张开翅膀，抓住多里安的肩膀，"稍等一下，长官先生，我们需要重新部署。"

"我们需要制订一个计划。"克拉克说。

"让我们一起做个深呼吸吧。"莎拉说。

多里安慢慢平静下来，将刚才的事情重新思考了一遍。"好吧，我想，我非但没有处理好这件事，就连本来能处理好的事情都没有做好，"它承认说，"但是，你们还想怎样呢？我只是一只老鹰，我认为有些事情有必要去做，然后我就去做了。发现兔子后，我不会多想，而是扑过去，攻击它，然后吃掉它。这才是老鹰应该做的。"

"的确，"一个声音从附近的石头下面传来，"你很有主见，但问题是，这是一定情形下最恰当的行为模式吗？"

一块灰色的石灰岩似乎朝它们飞了过来，大家转身一探究竟。

"泽维尔！"艾薇惊呼，"亲爱的，见到您可真高兴！"

泽维尔笑了笑："我听说了你们此次的监视行动，我想我知道是什么情况。"

"很好，"多里安轻蔑地哼了一声，"河狸居然认为自己是老大！异想天开！现在，我们知道是谁破坏了我们的森林。"

"对，"泽维尔回答说，"但是，你们打算怎么解决这个问题呢？毕竟，河狸只是在做——"

"我明白，我明白，"多里安喃喃自语道，"做河狸该做的事。"

泽维尔用犀利的眼神看着多里安，语气坚定地说道："多里安，你自身拥有强大的优势，但是如果你过度使用优势，它也许并不能为你带来你所想要的效果。"

多里安皱了皱眉。

"你属于支配型行为模式，"泽维尔解释说，"你的沟通能力强、目标清晰明确。回想起第一棵树倒下那会儿，你召集起其他鸟儿们，并警告大家，说很快就会有另一棵树将要倒下。你是对的，你的率直敦促着每个人都行动起来。"

多里安点点头，神情逐渐恢复自然。

"话虽如此，"泽维尔皱着眉头说，"有时你会过度使用你的优势。当你这么做时，那些优势反而变成了劣势。"

> 有时你会过度使用你的优势。当你这么做时，那些优势反而变成了劣势。

多里安听得有些茫然。

泽维尔继续说："比如，你的自信可能会让别人觉得咄咄逼人，甚至是过于自大。在最佳解决方案还没确定时，你就会利用话语上的主动权来压倒它人。从长远的角度来看，这会削弱你实现目标的整体能力。"

多里安考虑了一会儿，勉强地点点头。

泽维尔笑着说："放心吧，亲爱的多里安，并非只有你是这样的。"说罢，它走到猫头鹰身边。

克里斯特尔扮了个鬼脸："貌似该我们了。"

"作为谨慎型行为模式的代表，你对提问、组织细节以及分析的热情，可以让你建造出一个属于你自己的世界，正如在此之前你绘制的那个森林地图一样。不管怎样，过度使用谨慎型行为模式，可能会导致'分析综合征'的出现，比如你花费了一整天的时间去设计大量的采访问题。"

克拉克和克里斯特尔尴尬地低下了头。

"不管怎样，你们最近对坠落现场的分析判断已经展现出了你们的优点。恰当地运用它们，你们就可以做到扬长避短了。"

"有趣的是，别人可以如此清楚地看到我们的缺点！"因迪说，"好吧，泽维尔，既然您已经开动了，那么我们鹦鹉们也做好了准备接受您的指正！"

泽维尔感激地说："因迪，互动型行为模式的特点是乐观豁达，可以活跃氛围，激发创造力。可是，你过度乐观的天性可能会使你不能很好地处理危机事件。你是最早发现大树坠毁的，可你却没有意识到它的重要性，甚至都没有向多里安汇报。"

"是的，"艾薇回答，"我认为，这是因为我们没有看到威胁。"

"但是，当更多的树开始倒下时，乐观可以给人以安慰。你一直都相信，一切都会好起来的，你的乐观缓解了森林里紧张的气氛，这很有用——非常有用。"

泽维尔转向鸽子，刚一开口，就被莎拉打断了："让我猜猜，"它笑着说，"我们对冲突的不安使我们不能说实话，也不能和别人分享我们的判断。"

"完全正确！"多里安打断道，"会议期间，尽管你和塞缪尔并没有说太多，但我一直都能感觉到你是有话要说的。而且在你找来泽维尔后，它的确改变了我们相互交流的方式。这很大胆，也确实有效。"

艾薇插嘴说："我想由于过度使用模式，你的支持型行为模式显得过于被动。但当你依己欲行事，并秉承着追求和谐的目标时，你帮助了我们所有人。"

泽维尔为它的学生们感到自豪："你们大可不必为了更有效率地行事而改变自己的行为模式。你们只需要在适当的时候对他人的行为模式有所关注并思考，注意不要过度使用你的优势。"

风拂过树叶，沙沙作响。大家静静地伫

> 你们大可不必为了更有效率地行事而改变自己的行为模式。你们只需要在适当的时候对他人的行为模式有所关注并思考，注意不要过度使用你的优势。

立着，感受着晨光的温暖。天亮了，新的一天又开始了。

"那么，你们现在又有什么打算呢？"泽维尔问道。

泽维尔的脸上露出了它特有的笑容，然后变回石灰色，蜿蜒地爬
走了。

# 问题解决了

一星期后，理事会举办了一场森林历史上规模最大的集会。三百多只鸟儿参加会议，它们代表了家园里的各种鸟类。鸟儿们对接下来将要发生的事情都议论纷纷。一个最有争议的传闻是，整个鸟群将要搬到另一片森林中去，以躲避更多的树可能倒下的危险。大家都对此事感到担忧。

多里安站起身来，张开翅膀。鸟群立刻安静下来。"大家都知道，最近发生的事情引起了家园居民很大的关注。因此，我非常高兴地宣布，我们已和河狸达成一致意见，你们的树和鸟巢，已经安全了。"

主席台下的鸟儿报以一阵热烈的掌声，零零散散的羽毛在天空中飞舞，一切都笼罩在节日的欢乐氛围下。

"我想表彰重要的贡献者，正是它们促成了这一历史性的决议，"多里安继续说，"请与我一起，欢迎我们英勇的鸽子代表——塞缪尔和莎拉到主席台上来。"

在鸟群的阵阵欢呼声中，塞缪尔和莎拉羞怯地走到主席台中。

"它们俩不喜欢成为大家关注的焦点，但不管怎么样，我们还是要为它们庆祝！正是塞缪尔和莎拉愿意主动去接近河狸，才赢得了它们的信任。它们发现，河狸很害怕狼群，于是便说服河狸，如果我们赶跑狼群，它们就停止砍伐我们栖息的树木。"

鸟儿们大声欢呼着，因迪随即喊道："多里安，告诉大家你接下来做了什么吧！"

"好的，"多里安得意扬扬地笑了起来，"这么说吧，我只是说了一些狼群爱听的话……还有，它们再也不会打搅河狸了。"

听众们满心欢喜。

"还不止这些，"多里安边说边向它的猫头鹰朋友们招手，示意它们上台，"为了跟河狸协调哪些树木可被安全砍伐，哪些树木需被保护，我们需要一个万无一失的计划方案。没有谁比克拉克和克里斯特尔更适合设计这一计划方案了。它们建立了一个系统，用于确认树上是否居住着我们的同伴。如果你们计划迁徙到新树上去，只需要与克拉克和克里斯特尔联系，核实一下新树的安全性即可。"

"更让人惊奇的是，现在经过我们的鉴定发现，那些倒下的树木并不适合作为我们的最佳栖息地。河狸砍倒它们，实际上却让周围的其他树木可以茁壮成长，我们可以在这些健康新生的树木上重建家园了。"

"猫头鹰确实很仔细地考虑过这件事，而且我告诉你们——我很高兴它们加入到了我们的家园团队中来！"

猫头鹰们欢呼着，克拉克和克里斯特尔相视而笑。

"最后一点非常重要，我想分享一些关于因迪和艾薇的事情，"多里安说，"我们的鹦鹉朋友在与河狸的谈判过程中起到了非常重要的作用。它们挨个鸟巢查看，为我们更新了那些已标记过的或被河狸砍倒的树木。而且，如果出现任何问题，鹦鹉们会和鸽子一起，继续与河狸协商。"

"还有呢？"因迪在树枝上大声地喊道。

多里安停顿了一下。它微笑着，然后又不禁咯咯地笑了起来。"还有就是，这些鹦鹉有一条座右铭：'被工作塞满的生活是无趣的；但如果大家一起行动起来共同解决问题，生活将会变得美好。'"

"还有呢？"艾薇喊道。

多里安又停下来，仍旧微笑着，它清了清嗓子："我提议，把这句话作为我们森林家族的官方座右铭。"

鸟群欢呼起来，两只鹦鹉同时跳到高处的树枝上，表演了一段"鹦式舞蹈"，然后紧挨着多里安着陆。全体观众开始吟诵座右铭。

"好了，好了——"多里安试图让主席台下的鸟儿安静下来，但它很快意识到，这根本无法做到，所以它无奈地耸了耸肩，和它们一起吟诵起来。

多里安凝视着主席台下的鸟儿们，脸上露出了笑容，说道："在任何地方，家都是最美丽的森林！"

主席台下又是一阵欢呼。

# 行为观察术的力量

个星期后，鸟儿们重聚在理事会大树上。

克拉克若有所思地问大家："泽维尔告诉我们，行为观察术曾经人尽皆知。它的力量如此强大，怎么还会随着时间的推移而丢失呢？我认为，我们的前辈应该建立一个系统来保护它……"

"它并没有丢失，"鹦鹉说道，"它始终都存在于我们的生活中，并且存在于我们每个人的名字中！"

"我一直认为，我们每个物种往往都是依照一个特定的字母而选择名字的[1]，"莎拉说，"现在很显然，这些行为模式早已经植入我们的文化传统中了，只是我们还不知道。"

"所以，字母 D、I、S 以及 C 的含义完全超乎我们的想象。"塞缪尔补充道。

大家凝视着远方，此时太阳正穿过地平线，缓缓落下。

"我想知道，这些行为模式在家园之外是否也同样适用。"克里斯特尔若有所思地说。

"森林之外？"因迪问道。

"例如，一种特殊的物种？"克里斯特尔说。

克拉克点点头："人类，它们的名字不符合任何已知的系统或模式。如果他们和我们一样，使用同一种代码来标注每个人的行为模式，

---

[1] 寓言中的各个物种都是依据它们特定的行为模式类型取名的，比如，支配型（D）的多里安的名字的英文就是"Dorian"。

——编者注

那么他们彼此岂不是更容易做到相互了解？"

莎拉回答说："人类要比我们复杂得多。有些人的行为表现是支配型的，有些人是互动型的，有些人是谨慎型的，还有些是支持型的。"

"是的，"因迪说，"我告诉你，更让人抓狂的是，当我以旁观者的角度观察人类时，发现很多人其实是两种行为模式的结合体！"

"太混乱了，"多里安说，"他们是如何完成所有事情的？"

"不清楚，"因迪说，"可能我们也很复杂，又或许没那么复杂！"

"这很重要，"多里安接着说，"我们应该采取相关措施，以确保这种行为观察术能够传递给后代。"

大家一致同意后，便开始一起概括行为观察术的主要内容，而克拉克则在羊皮纸上记录下这些观点。克拉克一边说一边写："从现在开始，我们就将其称为'四种行为模式的智慧'……"

"克拉克？"多里安打断道，"我们就叫它'DISC'，怎么样？"

克拉克微笑着点点头："简单明了，我同意。"

"现在，如果没有别的事的话，我作为与会的一分子，期待能参加鸽子的乔迁聚会。"克里斯特尔说。

"我已经迫不及待了，"艾薇说，"我们还给大家准备了一些惊喜。"

"这是不是意味着，我们可以与你们共享欢乐时光？"莎拉问道。

"你懂的！"因迪笑着说。

它们笑着，展翅飞翔，消失在落日的余晖中。

# TAKING FLIGHT!

# 第二篇
# 拆掉人际交往中的"墙"

　　读完前面的故事，你一定想更深入地了解DISC行为观察术。其实，很简单，就是四个英文字母——D、I、S、C，分别代表支配型、互动型、支持型与谨慎型。我们的目的是了解自身与他人的行为模式，发挥优势、规避劣势，拆掉人际交往中的"墙"。

# DISC行为观察术运用图

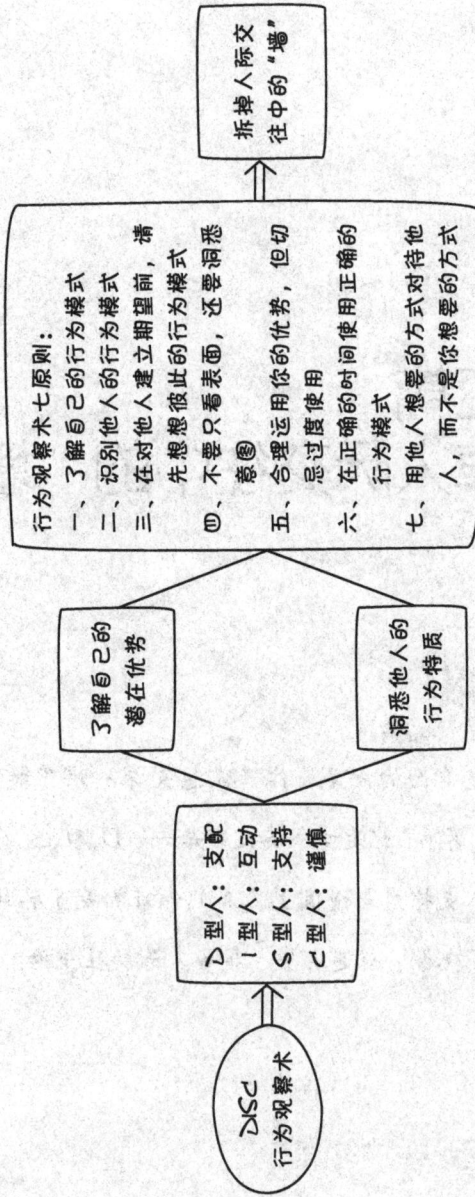

DISC
行为观察术

↓

D型人：支配
I型人：互动
S型人：支持
C型人：谨慎

├→ 了解自己的潜在优势

└→ 洞悉他人的行为特质

行为观察术七原则：

一、了解自己的行为模式
二、识别他人的行为模式
三、在对他人建立期望前，请先想想彼此的行为模式
四、不要只看表面，还要洞悉意图
五、合理运用你的优势，但切忌过度使用
六、在正确的时间使用正确的行为模式
七、用他人想要的方式对待他人，而不是您想要的方式

→ 拆掉人际交往中的"墙"

**要**想深入、细致地研究行为观察术，我们首先必须考虑清楚以下四点。

首先，所有的行为模式都有其积极的一面，并且以各种形式发挥着作用。在寓言故事中，对于鸟儿们来说，具有支配型行为模式的多里安的直率以及具有支持型行为模式的莎拉的敏锐，都是必不可少的。具有互动型行为模式的因迪的乐观豁达以及具有谨慎型行为模式的克拉克的精确无误，也是一样重要的。每一种行为模式都有其独特的优势，拥有任何一种行为模式都是值得庆祝的事情。简而言之，任何一种行为模式都没有好坏之分。

其次，没有必要改变自己的核心本质。当你将自己改变成他人所期望的样子时，你原本的优势也会随之消失。假设多里安把自己的行动改变成支持型的行为模式，或者克拉克试图采取互动型的行为模式，那么，它们在解决家园危机的过程中也就不能各司其职了。因此，信奉自己的行为模式意味着你已经充分认识和接受了自己的天赋。

再次，没有人的行为模式是始终如一、毫无变化的。我们每个人都是四种行为模式的结合体。与其他生物适应于同一种行为模式不同的是，人类是相当复杂的一种生物，也正是得益于此，我们每个人都是独一无二的。

最后，每个人都有能力适应不同的状况，因为行为模式理论具有一定的弹性。通过深层挖掘行为模式理论的潜能，我们每个人都可以为自己建立一张崭新的人际关系网。

发现一个
不曾了解的自我

在你阅读下面的内容之前，我强烈建议你花几分钟的时间，做个免费的 DISC 行为模式评估。该问卷由 15 道题目构成，通过检测，你可以对自己的行为模式有一个简要的了解。

同时，你还有权获得一份专业的 DISC 评估报告。在该网站，你可以和全世界上百万人在一起，感受行为观察术的魅力。这份行为模式分析报告曾经帮助很多人解决了生活困扰，开启了生活的新篇章。

这份行为模式报告主要包括以下内容。

■ 主导行为模式和次要行为模式的图表解析。

■ 行为模式优缺点的详细说明。

■ 与人交谈时行为模式的表现形式以及注意事项。

■ 与人交往时最忌讳的行为表现。

■ 用其他行为模式与人交往时的行为表现。你将会明白为什么自己会本能地选择一种行为模式作为主导行为模式，并且抗拒其他行为模式。

■ 与你具有相同行为模式的伟大的历史人物有哪些。行为模式没有对与错——伟大人物的行为模式也各不相同。

■ 作为领导者应该具备的行为模式，以及怎样利用这些行为模式取得成功。

■ 一份关于 DISC 行为模式日常运用的个性化行动计划。

记住，行为模式没有好坏之分。每一种行为模式都有其特殊性。此外，行为模式不能预测实践的成功与否。任何一种 DISC 行为模式的结合，都可以帮助人们建立一张美好的人际关系网。

这就是我

既然现在你已经对自己的行为模式有了一定的了解，下面，让我们来了解一下行为模式理论的发展历史。行为模式理论的起源可追溯到 2400 年前，希波克拉底（Hippocrates）提出了四功能说（four humours），亚里士多德（Aristotle）提出了四因素说（four elements）。随后的几个世纪，学者们相继提出了各式各样的行为模式理论。进入现代社会，卡尔·荣格（Carl Jung）证实了四功能说，爱德华·普朗格（Eduard Spranger）提出了价值观四学说（four value attitudes），弗洛姆（Erich Fromm）提出了四取向说（four orientations），巴甫洛夫（Pavlov）以狗作为研究对象，提出了四种气质论（four temperaments）。1928 年，威廉·马斯顿（William Marston）出版了《正常人的情绪》（*The Emotions of Normal People*）一书。书中，马斯顿以 D、I、S 和 C 四个首字母特指行为模式理论。马斯顿没有对 DISC 进行版权限制，世人可以免费使用，无需承担版权的压力。如今，全球成千上万的人正在采用 DISC 行为模式理论。

那么，为何行为模式理论可以跨越地域、文化、种族的差异，经历了几个世纪，仍然保持不变呢？研究者们观察到，人类大脑的四象限与特殊的行为模式特征相对应，大脑硬件控制着我们的思维、感觉以及行为，这反过来又定义了我们是谁。

雷厉风行型

D
主导的
直接的
果断的
驱动的

I
互动的
鼓舞人心的
有影响力的
有敏锐洞察力的

任务导向型

以人为本型

尽责的
谨慎的
简明的
精确的

助人的
真诚的
沉着的
富有同情心的

C

S

沉稳冷静型

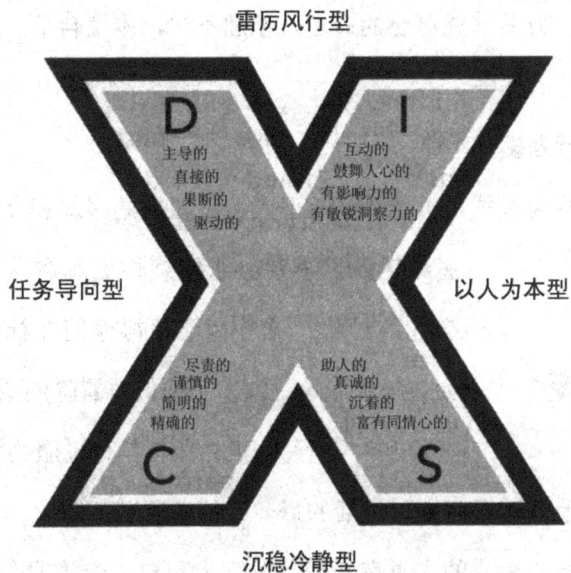

## 支配型行为模式（D）

支配型行为模式的人，或说 D 型人，正如老鹰多里安，他们关注最终的结果。他们喜欢按计划行事，通常会按照最初制订的计划勇往直前。支配型行为模式的人有着敢于追求挑战、勇于承担风险的精神，这是他们取得成功的关键因素。他们可以快速地判断形势、果断地采取措施，并解决问题。

支配型行为模式的人是独断、竞争力的代表。他们不喜欢浪费时间，喜欢得到最直接的答案，换句话说，即"是什么就是什么。"

支配型行为模式的人做事主动，不安于现状，喜欢挑战。他们往往居于高位，力图掌握自己的命运，不屈不挠，本性自信，可以高效地完成最严苛的任务。

### 互动型行为模式（I）

互动型行为模式的人，或说 I 型人，正如鹦鹉因迪和艾薇，他们思维活跃，喜欢寻求持续性的刺激，享受与人交往的过程。这些特征使得他们在社会交往中如鱼得水，这更激发了他们对冒险的渴望。

互动型行为模式的人具有说服力和鼓舞人心的品质，他们随遇而安，生活的每一天都充满了正能量。

互动型行为模式的人具有敏锐的洞察力和自由奔放的个性，这使得他们能够随时提出一些极具创造性的想法。他们一般不会过多地纠结于细节，因为细节会限制他们的想象力。互动型行为模式的人着眼于未来，因为他们觉得那里充满了未知和乐趣。

### 支持型行为模式（S）

支持型行为模式的人，或说 S 型人，正如白鸽塞缪尔和莎拉，他们力图恢复家园的宁静与和谐。支持型行为模式的人总是力图减小冲突，营造和谐的氛围。他们非常友好，时刻以一颗怜悯之心对待他人，耐心倾听，感同身受。这有利于交流双方形成深厚的友谊，成为坚定不移的伙伴。

支持型行为模式的人喜欢经过测验的、值得信赖的程序，以确保行事的稳定性。他们喜欢常见的、可预测的模式，从而产生可靠的结果。相对于台前的领导者，他们通常喜欢在幕后工作，并且希望自己成为幕后不可或缺的支持力量。

### 谨慎型行为模式（C）

正如猫头鹰克拉克和克里斯特尔一样，谨慎型行为模式的人，或说 C 型人，在做任何事情时都力求达到精准的目标。他们处处生疑，以确保事情发展得准确无误。他们做事非常有条理，注重细节，并且高效。

遇到任何情况时，谨慎型行为模式的人都不会被情绪所左右，他们会在对可见的、可量化的信息进行逻辑分析的基础上，作出恰当的决定。尽管谨慎型行为模式的人在工作过程中十分独立，但由于其天生沉稳冷静的性格，他们常会给人留下古板老练的深刻印象。

### 行为模式结合的有效性

每个人的行为模式都不是单一的，都是几种行为模式的结合。能够认识到这一点至关重要。除了主导行为模式外，每个人都或多或少地拥有着其他行为模式。现在，请认真回顾一下，DISC 行为模式理论是怎样帮助你全面描述一个人的整体行为特征的。

# TAKING FLIGHT!

# 瞬间读懂他人

走进一家餐馆，映入眼帘的是女服务员热情的微笑。她满腔热情地与你分享昨晚的足球赛。在你看来，她的表现十分激动，充满激情。随后，她又迅速地与从她身旁走过的其他顾客打招呼，自始至终都保持着微笑。这样，你大致可以确定，这名女服务员是互动型行为模式的人。

可以在几分钟的时间里区分出一个人的 DISC 行为模式，你不觉得这是一件很神奇的事情吗？如果你知道自己的上司是一位支配型行为模式的人，那么与他的交谈可能会变得容易很多；如果你能辨别站在你面前的顾客是一位互动型行为模式的人，你一定可以创造出更多的销售额；如果你意识到面试官是一位谨慎型行为模式的人，这一定会对你的求职产生很大的帮助；又或者你决定带领一支团队，这支团队中的人多数是支持型行为模式的人，这又会对你的领导生涯产生巨大的效用，结果毋庸置疑。

当你从 DISC 行为观察术的视角去观察一个人时，一幅表明你应该如何与他人交往的路线图会呈现在你的脑海中，这样，即使众多疑惑汇聚起来，交往也会变得轻而易举。你可以通过一个人的行为方式、处事特点、言行举止，来了解这个人到底是具有哪种行为模式的人。

观察一个人的语言、语调和肢体语言，看看他是活力四射，还是天性压抑？是严厉苛刻，还是不拘小节？他的语调是高亢有力，还是平和温柔？他是滔滔不绝，还是沉默寡言？他是通过肯定性的论述来传达自信的态度，还是通过不断的提问来表示对他人的质疑？仔细观察一下，他是否愿意聆听他人的诉说，他是否能够对别人的痛苦感同身受，又或者，面对他人的唠叨时，他是否表现出了不耐烦？

所有的行为特征都是判别一个人行为模式的要素。在确认一个人的 DISC 行为模式时，你观察得越多，就越容易判断。经常观察你的家人、朋友，甚至是荧屏表演秀或电影里的人，几周之后，你就会发现，你可以在几分钟内，甚至更短的时间内，辨别出与自己擦肩而过的人到底属于哪种行为模式。

下面列出了四种行为模式的特征，请大家仔细思考一下。

**支配型（D 型）**——D 型人的第一个特征是：他（她）身上散发着鹰一般的自信。D 型人通常站得高、看得远，目标明确，语调果断直接，即使是与他人分享一个新观点，他（她）也可以像专家一样，将自己的观点准确明了地表达出来。D 型人做事能切中要点，不拘小节。他们将其称为"随性而为"。他们总会开门见山地问别人到底需要什么，并且从不会为了一些小事费心。当然，如果你提供了太多的细节，D 型人就会变得不耐烦，他们是直奔结果的人。你还会发现，在处理棘手问题上，D 型人顶多给你提些建议，最坏的情况是他（她）会把自己的观点或者意愿强加于你。

**互动型（I 型）**——如果你遇到一个笑容灿烂、眼眸明亮和笑声爽朗的人，那么他（她）应该和鹦鹉一样，是个时刻充满能量的 I 型人。当 I 型人在讲笑话时，你会发现，他们的笑声会比听众的笑声还要大。他们通常会使尽浑身解数活跃气氛，或是表达自己。当 I 型人在演讲时，从他们的语调中你可以感受到激情和快乐。对于 I 型人来说，一次小小的体验可能比许多其他所谓的人生大事还要重要。如果一件事情发展顺利，那么，对于 I 型人来说，这就是极好的！如果一件事发展得不顺利，那么，对于 I 型人来说，那就是极其糟糕的。I 型人可以很自然地与陌生人交谈，他们很容易与别人建立起亲密的关系，几分钟内，他们就可以做到像熟识多年的老朋友一样与他人相谈甚欢。几乎针对每个话题，I 型人都能发表一点个人看法。有时候，无论你说什么，他们的观点似乎都要略胜一筹，这就是 I 型人的交流方式。

**支持型（S 型）**——与 S 型人交往，你会立刻发现，他（她）身上时刻流露着白鸽般的冷静。S 型人有着温暖的微笑、绅士的谈吐、真诚的态度。他们的语气是友好的、语调是平静的，即使是在愤怒的情况下，他们的声音分贝也不会高到哪里去。他们走路时也是小心翼翼的。S 型人擅长一对一的交流，或者小团体内的交流。在舒适的环境下，他们安静地表达自己，全身心地融入其中。但是，在团队人数较多，或者进入新的团队中时，S 型人容易被忽略，因为他们相对来说比较安静。当感受到他人的不友好时，S 型人会快速地调整情绪，做一个善解人意的倾听者。

**谨慎型（C 型）**——在与别人交往的过程中，你可以立刻识别出 C 型人来，因为他们就像猫头鹰一样，十分内敛而又沉稳。他们的面部表情通常是平静的、始终如一的。C 型人对空间非常敏感，他们通常不会轻拍你的背，或是给你一个拥抱。在讲话时，他们通常会双臂交叉置于胸前，很少会像Ⅰ型人那样去展现自己。当你想针对一件事情征求他们的意见时，他们会与你进行强烈的眼神交流，很少会用点头或者微笑来给予回应。但是，C型人又是一个耐心的倾听者，他们会等你先讲完再发表自己的观点，他们也会注重分享以及提出异议。C型人尊崇逻辑胜过情感，他们力求数据的真实性与可靠性。C型人一旦发言，都是有一定意图的，并且他们的言语都是可测的、精确的。

# TAKING FLIGHT!

# 行为观察术七原则

在风格上，要与时俱进。

在原则上，要像岩石一般，毫不动摇。

——托马斯·杰斐逊（Tomas Jefferson）

这部分内容主要介绍 DISC 行为模式的七个原则，这些原则能够帮助你更好地理解、应用 DISC 模式。经过精心的整理，我们总结出的这些原则将为你提供一个完整的框架，让你了解 DISC 是如何对你的生活产生积极影响的。

### 原则一——了解自己的行为模式

亚里士多德（Aristotle）认为："了解自己是所有智慧的开始。"那么，了解自己为什么如此重要呢？很多研究表明，那些自我意识较高的人，比那些自我意识较低的人生活得更快乐，成功的概率也更大。自我意识可以促使人们在生活中发挥自己的长处，更好地应对挑战。

詹妮弗在一家客户服务部门工作，负责接听投诉电话。她的工作就是耐心地倾听顾客的问题，了解他们的观点，并且将这些投诉输进一个复杂的数据库。不久以后，詹妮弗觉得自己似乎总是在重复地接听着相同的电话。尽管这个工作本身并不存在挑战，但是她发现每天下班之后，自己总感到十分疲惫。

詹妮弗参加了 DISC 培训活动后，终于意识到了自己为什么如此沮丧，她属于 D 型人，而她的工作却适合 S 型人来做。如今，她仍然在那家公司工作，但是现在已经晋升为销售代表，她以饱满的热情和坚持不懈的精神完成了一个又一个富有挑战性的任务。在销售领域，詹妮弗敢于冒险，她发挥了自己爽快果断的个性，完成了一个又一个挑战。除了詹妮弗十分满意自己的新职位之外，她的公司也因此一举两得，双向受益。一方面，公司让一个 S 型人接替了詹妮弗之前的工作，因为他很擅长设身处地地为别人着想，能够很好地帮助他人；另一方面，公司也将詹妮弗安排到了一个更合适她的岗位。

你身边是否有一些人一直在纠结着自己的职业？他（她）的人际关系是否正处于紧张状态？由于我们与各行各业的人一起工作，所以对这种情境会习以为常。这种情境经常出现，是因为人们对自己的行为模式缺乏了解。也就是说，人们在做职业规划时，并没有过多地考虑自己的行为模式到底适合从事哪些工作。

你是否曾遇到过这样的情境：你觉得这件事对你来说很容易，但是出于某些原因，这件事超出了你的能力范围，或者变得非常具有挑战性？或许你找了一份临时工作，仅仅是因为在失业后能还上账单；或许你成为一名志愿者，仅仅是因为一种信仰，但是任务的繁重性已经远远超出了你的预期；又或者你在工作中获得了一个新职位，你认为这次晋升可以给你带来更多的新机遇，但是你却发现，实际上这项新工作着实令你感到疲惫。

了解自己并且密切关注那些令我们感到精力充沛或者筋疲力尽的

情境，这会帮助我们作出一些扬长避短的决定。

### 原则二——识别他人的行为模式

孙子曾说："知己知彼，百战不殆。"

那么，你该如何识别他人的行为模式呢？问问自己以下这些问题：他们喜欢快节奏还是慢节奏？他们是外向型的还是内向型的？他们是细心的还是粗线条的？他们是冒险者还是谨慎者？他们是计划型的还是随意型的？找出这些问题的答案能够帮助你解决对他人模式的疑惑。

你回答这种问题的次数越多，就越能凭借直觉判断他人的行为模式。最后，你将会很轻松地识别出他人的行为模式。实际上，现在我们敢断定你阅人的能力已经得到了很大的提升。让我们来试一试吧！下面这些人：唐纳德 · 特朗普（Donald Trump）、罗宾 · 威廉姆斯（Robin Williams）、戴安娜王妃（Princess Diana）、比尔 · 盖茨（Bill Gates），他们各自符合哪种行为模式？在你继续阅读下文之前，花时间好好想一想。

如果你认为他们分别是 D、I、S 和 C，那么恭喜你，你已经熟练地掌握了阅人技能。在我们的日常生活中，掌握阅人技能可以帮助你更好地利用他人的长处。

玛利亚是一个内向、温文尔雅的 S 型人。她想要买一辆新车，但是她害怕与销售员砍价。在她和姐姐简聊天时，她发现姐姐是富有说服力的 I 型人，比起她自己更适合讨价还价。最后，简帮玛利亚以一个非常合适的价钱买到了车，并且简也因为这次经历感到充满活力。而玛利亚非常庆幸自己没有去砍价。

通过了解他人的行事风格，你可以充分利用每个人的优势。你也可以利用 DISC 模式的能量去建立真正的合作关系。不管他是同事、配偶、孩子还是朋友，通过了解他们的行为模式，你可以更好地巩固你们之间的关系，从而拥有一个美好的生活。

**原则三——在对他人建立期望前，请先想想彼此的行为模式**

我们用自己的行为模式看待世界。所以，每一个人的期望都会受到自己的行为模式的影响，而不是其他人的。例如，我们期望别人像我们一样，并且认为他们的需求也和我们的一样。我们认为自己怎样做别人也会怎样做，他们会和我们有着同样的反应。而且我们认为身边的人能够了解自己的需求并且满足我们……即使我们没有告诉他们。那么，他们真的知道我们想要什么吗？

贾斯敏和史蒂夫在同一家银行的相邻柜台工作。他们之间的问题是，史蒂夫把他的音乐声调得太大——至少贾斯敏是这么认为的。史蒂夫是典型的 D 型人，他认为，如果贾斯敏不喜欢他的音乐，她会绕过隔间来告诉他，但是她从来没有说过。事实上，贾斯敏是典型的 S 型人，对于史蒂夫这种随性的行为，她已经苦恼很久了。"他肯定知道吵到我了"，她想，"但是很明显他并不在意。"

几个星期之后，贾斯敏变得异常恼怒。她向丈夫抱怨，她丈夫建议她和史蒂夫谈谈，但是她很不情愿。她抗拒道："他应该心里十分清楚，并且马上停止放音乐！"又过了一个星期，贾斯敏终于忍无可忍了，她决定给史蒂夫一点提示。她对史蒂夫说道："你是怎样在这种嘈杂的音乐声中集中精神工作的呢？"史蒂夫回答："没影响，我就是喜欢这样的环境。"

这个回答使贾斯敏更加气愤。

贾斯敏和史蒂夫都陷入了自己的行为模式当中，看不到别人的想法。史蒂夫认为，如果音乐声吵到贾斯敏，她肯定会告诉他。但是为什么没有呢？对于 D 型人来说，直接指出问题并不算什么，因为他们并不认为直接沟通是一种冲突，这仅仅是一种请求、一种谈话，而不是争论。

对于贾斯敏来说，她的支持型行为模式完全不能理解史蒂夫的行为，因为她永远不会那样做。她不打算与任何人起冲突——尤其是因为音乐。而且，在她看来，她已经跟他说过了，她不希望让他感到任何敌意。

当然，贾斯敏的间接请求并不足以让史蒂夫意识到音乐声音过大的问题。D 型人会直接表明他们的需求，并希望其他人也这样。他们不会认为一个直接的声明具有敌意。实际上，他们很欣赏这种直接的行为和语言。

不切实际的期望带来了失望的结果、无效的决定、不断上升的冲突及怨恨。幸运的是，行为模式意识会引导你逐渐建立起切合实际的期望。通过了解你自己的行为模式，识别他人的行为模式，把期待建立在他人需要的基础上，以使双方当事人都能满足彼此的需求。

### 原则四——不要只看表面，还要洞悉意图

我们通常可以关注到自己的意图，却经常忽略了别人的意图，而且总是喜欢用其表现出来的行为去评判别人。然而，如果我们能更好地洞察别人的意图，也许就能避免很多不必要的误会，减少一些不必要的伤害。

一天早上，销售主管杰克把他的下属乔治叫到办公室，交给他一项重要的任务。在接下来90分钟的谈话中，具有典型的谨慎型行为特征的杰克对乔治充满信心，认为他具备了成功所必需的全部条件。而互动型行为模式的乔治的感觉却完全相反。杰克在很多进程和细节方面都做了规定，没有给乔治创新的空间。这让乔治感到十分沮丧，内心有点愤愤不平。

"为什么杰克不自己做？"乔治在心里暗想，"工作都一年了，他还是不相信我，不然的话，他只要把项目交给我，让我自己完成就行了。管得也太细了吧！"不久之后，乔治就准备跳槽了。

在这个情境中究竟发生了什么呢？由于乔治不能理解上司的处事风格，所以他误解了杰克的意图。实际上，杰克完全信任乔治，要不然他也不会让乔治负责这么重要的项目。他的目的其实很简单，就是想确保乔治一定能将这项任务保质、保量地完成。如果杰克知道乔治的模式，他就可以简单地陈述一下目标，概述一下项目，然后放手让乔治朝着他认为合适的方向去做。

对于乔治来说，如果他知道杰克只是想帮助他，他就不会有太强的束缚感，更不会对杰克产生怀疑了。

DISC 行为观察术是一个非常强大的工具，它能帮助你了解意图，并识别那些可能激怒你的行为源。然而，让你理解别人的意图并不意味着要你一味地容忍。杰克不能理解乔治的行为，他说："我是典型的 C 型人，这就意味着我会为你提供更多的信息和框架。你必须接受它！"

人们通常只会满足自己的需求，而不会去理会别人的需求。换句话说，他们所做的都是为了他们自己，并不是故意和你唱反调。所以，下次你再遇到困难的交流或者陷入一场冲突中时，提醒自己想一想，或许你只是误解了别人的意图。

**原则五——合理运用你的优势，但切忌过度使用**

物极必反。当优势被过度使用时，就会变成劣势。DISC 中的每一个模式都是积极的，但如果被用得太过极端，这种模式可能就会给你带来消极影响。

凯特典型的 C 型人，拎着六大包食物和一张计划表从她家的前门进来。现在是上午 9 点，下午会有 18 位客人到她家共用一年一度的节日晚餐。

凯特为了这次活动已经准备了好几天，她花了大量的时间安排菜单，为了保持房屋整洁，她又制定了详细的打扫任务。当她最后决定将计划付诸行动时，她有一大堆要做的事情，但是剩下的时间却不多了。

当她走进厨房的时候，他的丈夫马克——I 型人——很快就感受到了她身上的压力，对她说："宝贝，放松些！下午来的都是我的家人，他们都不挑剔。需要我帮你做点什么吗？"

凯特已经感到不知所措了。在过去，她也给马克布置过任务，但是马克很少能达到她的要求，通常她还要自己重做一遍。她并不愿意接受马克的帮助，但是要做的事情太多了，她只得安排马克去布置餐桌。马克立即过去了。几分钟后，马克高兴地回来了："接下来要做什么呢？"

凯特不相信马克可以做得这样快，她走过去检查，叹了口气，淡淡地说："没关系，我自己来吧。"

"但是我已经弄好了。"马克疑惑地看着她。事实上，他用错了节日的桌布和纸巾，把水杯放错了位置，三脚架上放错了盘子，而且他也没有想到，把上好的中国瓷器给两个小朋友用是多么危险的决定。

"他们不会在意的，"马克宽慰道，"都是我的家人，这样看起来很好啊！"

"你去收拾客厅吧，我来整理餐厅。"

下午一点半，凯特迅速地完成了一个又一个任务，她似乎感觉客人们很快就要到了。但是还有很多事情要做：香草鸡、土豆甜点和芦笋还在烤箱里，炉子上还有一锅自制的番茄浓汤，桌子上还有拌了一半的沙拉。

马克尽量不去招惹凯特，他来到厨房了解凯特的进度："嗨，我们准备得差不多啦！"他对凯特宣布。

"准备得差不多了？"凯特瞪着眼睛问，"你知道我们还有多少活要干吗？要把所有的食物放进合适的餐具里，操作台需要擦洗干净，客厅仍然一团糟！"

然而，当客人到来的时候，所有的事情都已经安排妥当。最后，马克的母亲总结到："每一件事情都那么美妙，这是一个充满爱的夜晚。"

每当凯特回忆起这个夜晚的时候，她的胃总会突然一紧，想起自己忘记把甜点拿出来了，汤有一点点咸，也没有来得及更换餐桌上那条被马克铺错了的桌布。她也总会在心里懊恼地想："如果马克能稍微做好点就好了。"

凯特的谨慎型行为模式帮助她去安排一顿美好的晚餐。然而，由于过度地做计划，致使最后期限临近时她也没有完成计划中的所有事情。凯特过度使用她的行为模式，从而使她自己被压力环绕并且变得顽固不化。为了追求完美，她让自己和丈夫在这场活动中感受到的是压力，而不是快乐。凯特一直将自己的行为模式强加在丈夫身上，这使她和丈夫的关系逐渐疏远。最后，虽然晚餐成功举行了，但却花费了巨大的感情成本。

虽然有些人经常过度使用他们的模式，但其前提一般是压力过大或者情况不确定。模式的极端化也可能是由于情感爆发或者人际关系失调造成的。但不管是什么原因，任何模式的极端化都会给人们增添压力。下面有一个关于过度使用自身行为模式的负面效应的简单概述。

当 D 型人过度使用他们的行为模式时，在实现目标的过程中，他们的人际交往能力就会退居二线。他们的直率会变得生硬、伤人并且迟钝。在极端的情况下，D 型人的控制欲会变得过分苛求，让他们有一种盛气凌人的感觉。他们的自信会退化成冥顽不灵，那种闭目塞听的傲慢态度仿佛要压倒所有阻碍他实现目标的障碍物一样。

当 I 型人过度使用他们的行为模式时，他们的乐观主义会导致不切实际的幻想出现，他们的直觉总是凌驾于现实之上，他们的热情也变得相当肤浅。由于缺乏对基本的事实和细节的了解，I 型人会用一些夸张和操控的手段去说服别人。在有压力的情况下，I 型人经常表现出杂乱无章和无法合理利用时间，他们更愿意逃避困难的情境，而不是行动起来执行计划。

当 S 型人过度使用他们的行为模式时，他们对和睦的需求会致使他们选择逃避争吵和冲突。极度安于现状的思想也会导致他们过度自满且不愿改变。这些都会使他们变得消极和依赖。当 S 型人的需求无法得到满足时，他们就会变得愤愤不平，抱着一副受害者的心态。在过度使用该行为模式的情况下，S 型人只会静静地等待别人的指令，并且总是对自己的表现表示出担心。

当 C 型人过度使用他们的行为模式时，他们对质量和结构的内驱力就会演化成完美主义。他们会变得挑剔、刻薄，没有任何事能达到他们的要求，什么事都无法完成。这使他们看起来总是十分严格且犹豫不决。他们容易生疑的特质会导致悲观主义萌芽的出现，进而阻碍新想法的产生。他们对任务的强烈关注会使他们错失良机，进而强迫自己对所有的事情都亲力亲为。

### 原则六——在正确的时间选择使用正确的行为模式

在寓言故事中，泽维尔深知适应能力是生存的关键因素。作为一只变色龙，他能自然地随着周围环境的不同而改变自己身体的颜色，并且与每个人都保持良好的关系。在我们自己的生活中，如果我们能准确地读懂不同的情境和不同的人，并且在正确的时间选择正确的模式，我们同样可以从中获益。如果我们做不到，我们就不能实现自己的目标，并且还会惊讶于别人居然可以如此地了解我们。

对于斯宾塞来说，这是非常重要的一天，他将要进行一场销售演示，如果成功的话，这将会给他的公司带来巨大的收益。斯宾塞所要合作的这家公司的董事长乔安妮礼貌性地与他握手问候，并说："请把您的规划告诉我，并且谈谈您能为我们做些什么。"

斯宾塞从他的职业背景和公司简介说起。他的主要目标是建立友好关系。毕竟，他的强项就是建立良好的人际关系。

不久，乔安妮就知道了斯宾塞的故乡与她的故乡相邻。他们交流了童年的趣事，回忆了很多美好的旧时光。

接下来，斯宾塞展示了一个耀眼夺目的 PPT 文稿，给人一种引人入胜的视觉体验。乔安妮全程都保持着微笑。最后，斯宾塞向乔安妮表示，他们公司已经做了很多这种项目，如果乔安妮选择他们，他们肯定会为其公司提供一份满意的答卷！在开车回办公室的路上，斯宾塞觉得他已经给乔安妮留下了深刻的印象。

一个星期之后，斯宾塞极其惊讶地发现，他的竞争对手拿下了该项目。乔安妮在和斯宾塞的老板谈话时提到，虽然斯宾塞提供了一个充满活力且极具吸引力的演示，但是对于斯宾塞是否可以做好这个项目，她没有十足的把握。她想要牛排，而斯宾塞只让她听到了煎牛排时的嘶嘶声。乔安妮想更多地了解他们的公司能做什么，而不是斯宾塞能做什么。

斯宾塞的主要失误是：他认为乔安妮属于 I 型人，所以用适合 I

型人的方式对待她，可实际上乔安妮是 D 型人。他没有正确识别出她的行为模式并随之调整，他从一开始就意错了情境。

大多数人会长期使用同一种行为模式，很少会换一种行为模式尝试一下。其实，我们可以在不同的时间尝试不同的行为模式。关键是，要在正确的时间选择使用正确的行为模式。

**原则七——用他人想要的方式对待他人，而不是你想要的方式**

我们都很熟悉黄金法则——你希望别人怎样对你，你就要怎样对待别人。这条普遍法则的历史源远流长。这个黄金法则中包含着一些永恒的价值观，诸如诚实、正直、尊重等深入人心，它对构建稳定的关系极具推动作用。

然而，正如我们在原则五中了解到的，过度使用某种行为模式会导致物极必反。黄金法则在我们的思想中已经根深蒂固，所以我们经常会运用它……有时，它也会使我们陷入困境。我们在前面的寓言故事中学习到的"家规"——用别人需要的方式对待他们——在沟通或者共同为实现一个目标而努力工作时，更加有效。

巴希尔是一家大型保险公司的信息技术部副总监，他想要升级一款组织系统中的软件。然而，一年前，上一任副总监在一个类似的项目中招致了很多争议，最后导致成本超支并且遭到了公司高层的反对。员工们都对上个项目记忆犹新，巴希尔需要付出更多，才能让这个项目顺利进行。

为了获得更高的支持率，巴希尔刻意调整了自己与他人的沟通模式。他留意他的每一位员工在交流时的行为模式。每次召集一个部门的员工开会，巴希尔都像一条变色龙一样，总能流畅地去适应四种行为模式中的任何一种模式，用员工们喜欢的方式向他们解释新的软件系统。

当巴希尔这样开口时："这是一个执行大纲。"他通过公布盈亏一览表直接抓住了 D 型人的注意力。在面对 I 型人时，他马上变得热情四射："你们会喜欢这个系统的，它是最前沿的……比你们见过的任何一个软件系统都要棒！"这使 I 型人感到兴奋并且期待使用这款新系统。巴希尔站在 S 型人的角度，向他们透露自己改变的阻力："我知道这是一个巨大的改变，会充满压力，所以我愿意全程为你们提供无限的支持，以减轻你们的顾虑。"在面对 C 型人时，巴希尔用一种试探性的语气讲述着他的想法，并且提出了一整套专业完备的计划，听众们都兴奋地在 PPT 讲义上做着笔记。巴希尔鼓励他们积极提问，并且耐心地解决着每个人的疑惑。因此，他们非常确定这个系统是经过深思熟虑而设计出来的。

为了让每一次会议都获得预期的效果，巴希尔在大部分时间都跳出了自己的模式。这很值得！他为这个新系统找到了一群支持者。与巴希尔开完会后，D 型人拿到了盈亏一览表，I 型人备受鼓舞，S 型人完全放心，C 型人也了解到许多他们想要知道的细节。这次软件升级项目的实施对于每个人来说都是轻松愉悦的。

正如丹麦物理学家尼尔斯·波尔（Niels Bohr）所说："真理的相对面或许是另一条真理。""黄金法则"和"家规"也同样如此。它们都提倡我们尊重差异，尊重他人的需要。

# 第三篇
# 人际交往中的识人相处之道

　　我们每个人都有着自身独特的行为与情绪表达方式，在不经意的时候，它就会展现出来，影响我们的工作、生活、人际关系等各个方面。我们应该善用DISC行为观察术这一工具，恰当应对身边的人与事，释放DISC行为观察术的能量，开启生活新篇章！

# DISC 行为观察术能带给我们什么

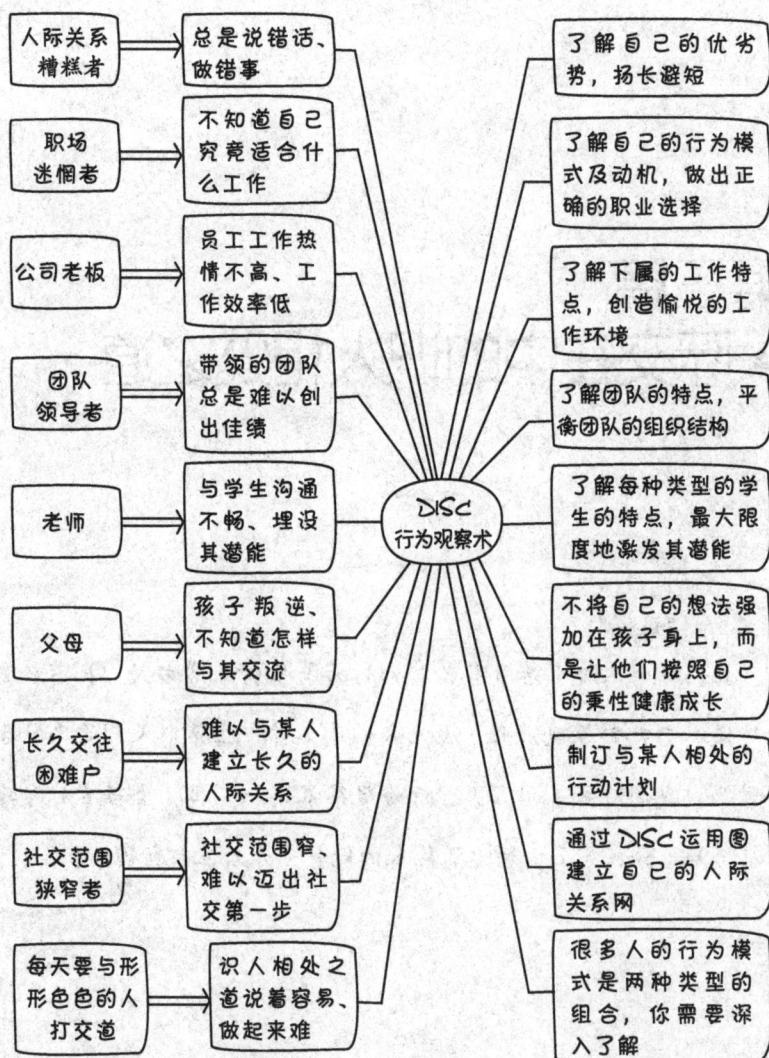

| 人际关系糟糕者 | → | 总是说错话、做错事 |
| 职场迷惘者 | → | 不知道自己究竟适合什么工作 |
| 公司老板 | → | 员工工作热情不高、工作效率低 |
| 团队领导者 | → | 带领的团队总是难以创出佳绩 |
| 老师 | → | 与学生沟通不畅、埋没其潜能 |
| 父母 | → | 孩子叛逆、不知道怎样与其交流 |
| 长久交往困难户 | → | 难以与某人建立长久的人际关系 |
| 社交范围狭窄者 | → | 社交范围窄、难以迈出社交第一步 |
| 每天要与形形色色的人打交道 | → | 识人相处之道说着容易、做起来难 |

**DISC 行为观察术**

- 了解自己的优劣势，扬长避短
- 了解自己的行为模式及动机，做出正确的职业选择
- 了解下属的工作特点，创造愉悦的工作环境
- 了解团队的特点，平衡团队的组织结构
- 了解每种类型的学生的特点，最大限度地激发其潜能
- 不将自己的想法强加在孩子身上，而是让他们按照自己的秉性健康成长
- 制订与某人相处的行动计划
- 通过 DISC 运用图建立自己的人际关系网
- 很多人的行为模式是两种类型的组合，你需要深入了解

我为什么总是
说错话、做错事

现在我们知道了，过度使用自己的优势可能会使它变成劣势，个体成长的关键并不是改正自己的缺点，而是适度使用自己的优势。正如 2500 年前希腊古都特尔斐（Delphi）的神谕（Oracle）上所说："做每件事情都要适度。"

运用行为模式时也同样如此。适当弱化你的主要行为模式，可以让你更好地理解其他行为模式。以下的方法或许可以帮助你尽可能减少滥用自己的行为模式的情况，挖掘你身上其他潜在的行为模式。

D 型人需要注意以下几点。

- 直率——D 型人的想和做之间只有一层薄薄的过滤器。这就使得你很直率，因此会给人留下生硬的印象。所以，在说之前，要问自己更多的问题，并注意语气要柔和。

- 快节奏——当 D 型人过于匆忙的时候，所做的决定往往质量不高，而且会显得鲁莽。慢下来，好好整理你的思绪。

- 反应特质——在关键时刻，D 型人可以通过自己的快速思考和反应特质安然渡过难关。然而，事情并非总是那么紧急。耐心去做，并且考虑你的话语和决定对其他人会产生怎样的影响。

- 强大的动力——对结果强烈追求的动力促使 D 型人去完成伟大的事情。但是这同样会带来强大的压力。花点时间去放松，好好享受工作带来的成果吧！

- 自负——自信是好事，但是过度自信就会变得傲慢自大。你的坚定或许会使你否定他人的想法，但你需要看到别人的能力和他们所做的贡献。

■ 强有力的肢体语言——D型人总是表现出强大的能量和权威，但是如果过度使用，就会变成一种威胁，甚至会阻碍他人产生新想法。注意你的身体语言，保持微笑并加强眼神交流。

■ 权威——D型人喜欢直接的方式，但这或许会限制其他人表现的机会。你应该让其他人更多地参与进来，共同作决定。

■ 冒险——D型人通过冒险来获得更大的价值。有些时候，最有效的方法就是一种靠得住的方法。因此，你并不需要一直改变方向。


I型人需要注意以下几点。

■ 爱说——如果要总结I型人最典型的特点，那不得不说……有太多了。在别人说话的时候，I型人总是在想接下来自己要说什么，而对于别人的说话内容，也总是询问很多问题，表露出很大的兴趣。

■ 过分乐观——I型人总是看到每件事、每个人最好的一面，这就会导致不切实际的幻想。你要客观地看待事物本身，而不是将它们想象成你期待的样子。

■ 随性——I型人享受活在当下的感觉。有时，某些结果是缺乏计划性和深入思考的。你应该在行动之前多多考虑。

■ 一心多用——I型人期待不同的、刺激性的事物。这就会使I型人同时做很多事情，比如在看邮件的时候接电话。你应该在开始新任务之前，先完成当前这个。

■ 随性——I 型人喜欢结交朋友。所以，在一些正式场合，你会显得过于友好。你要知道，在某些特定的环境中你更需要一种职业的态度。

■ 热情——I 型人总是散发出积极的能量，对自己所做的每件事情都保持兴奋。这种外显的个性或许会使那些从细节上看待结果、喜欢安静或者稳定环境的人感到厌烦。你需要关注任务，而不是仅仅关注有关任务的各种想法。

■ 不成体系的方法——I 型人善于从束缚中寻找自由，这使得你的创造力也独树一帜。然而，这种标新立异会使你脱离规范、打破规则。你需要理解遵从已有程序的重要性。

■ 大图景思维——这种一树知林的能力使得 I 型人擅长以创新的方法解决问题。然而，这种想象力的聚焦也会导致你忽略关键的细节。在作决定之前，请你花些时间考虑一下所有的因素。

S 型人需要注意以下几点。

■ 和睦——S 型人不喜欢引发争斗和不满。你总是回避那些潜在的争论，但这些争论可能会带来革新。有目的地进行坦诚的对话，或许可以解决更多的问题。

■ 懒散症——S 型人更喜欢随大流，不愿意扰乱正常的秩序。即使你有很好的想法，也不会说出来，所以你总是表现出不确定性和大众化。你需要大胆地说出来，并勇敢地坚持你所相信的。

■ 稳定——S型人安于现状，讨厌改变，这会阻碍创新。请通过尝试新事物或新体验来打破常规吧。

■ 让步——S型人不想得罪任何人，因此感觉说"不"很难。请坚持并尊重你自己的观点。

■ 自给自足——S型人是一个很好的队友，经常做很多的工作。如果你该做的事情已经做完了，别人的事情就让别人自己去做吧。

■ 追随者——S型人并不希望当领导。但是如果你对一件事情或者一个项目充满激情，就去争取控制权和领导权吧！

■ 安全感——S型人喜欢相信一些可靠的事情。然而，你应该试着尝试新事物，即使你有一点害怕。

■ 循规蹈矩——S型人倾向于按预定的程序做事情，但是循规蹈矩不能解决突发事件。你应该做好准备，并愿意去做一些没有计划的事情。

C型人需要注意以下几点。

■ 逻辑——C型人在作决定之前需要切实的考证。但是有些时候，作决定时不能考虑太多。在没有任何数据支持的时候，请试着相信你的直觉。

■ 批判性——C型人有很高的标准。但当你把这些标准运用到别人身上时，或许不太会被别人接受和认同。你对别人的工作的期待应尽量符合实际情况。

■ 完美主义 —— 对准确性的期待让 C 型人追求构造有质量的结果。然而，完美是耗时的，它可能会使计划过于理想化或者没有实现的可能。所以在某些情境中，你要接受某些事情或许已经足够好了。

■ 计划 —— 与其用完美的计划精心安排每一件事，不如顺其自然，看看到底会发生什么。

■ 讽刺 —— C 型人不喜欢与人发生冲突。当情况变得情绪化时，他们就会用讽刺的方式去间接地引起人们的关注，用幽默攻击他人。你需要尝试用直接的方式解决担忧。

■ 理性 —— C 型人用头脑而不是用心去回应情境。这会使你只关注事实却忽略了他人的情感需求。你要明白并不是所有的事情都只能依靠逻辑作出决定，有些人是凭借他们的"感觉"做事情的。

■ 自我依赖 —— C 型人往往会设立高标准并遵循流程。有时，你的标准定得太高了，设计的流程也过于复杂，只有你自己才可以完成任务。要知道解决问题不是只有一种方式，要善于挖掘他人的长处。

■ 骄傲 —— C 型人在工作方面很骄傲。你总是将自己做事的质量和自我价值联系在一起。实际上，你需要通过你到底是谁，而不是你做了什么来认识自己。

我的性格究竟
适合什么样的工作

在生命的任何阶段，提升自我意识都是十分重要的。大学生将面临极其重要的择业时刻，他们主修的科目将决定他们最初的职业选择。大多数人都想要选择这样一种职业道路：自己既喜欢，又能在努力工作之后获得丰厚的报酬，而且不用承受过多的压力。

从 DISC 行为观察术的视角去了解一个人的优势和劣势，对于探索职业方向是极有价值的。

由于快迟到了，肖恩匆忙从班级里跑了出来。"不好，"他暗自想，"大学三年已经过去了，我为什么现在才去见职业指导师？"

肖恩气喘吁吁地来到职业指导师办公室，浑身是汗，他找了把椅子坐下，准备在接下来的一个小时与职业指导师好好地聊一聊。

"你迟到了。"职业指导师说。

"是的，不好意思。"肖恩很快转移了话题，他指着桌子上的一个火箭模型说："嘿，它太酷了！"

"我花了 10 年来完成它，"职业指导师说着把火箭模型递给了肖恩，"我对太空很着迷。"

肖恩一边打量着火箭一边说："我也是！"

"所以告诉我，肖恩，"职业指导师开始了这次谈话，"你想过你要主修什么了吗？你毕业之后要干什么呢？"

"我还不太确定，"肖恩耸耸肩，"我考虑过一些关于工程方面的事情。"

"好的，"她点头，"为什么是那个？"

"工程师的工作不错。我爸爸就是一个工程师。"

"你爸爸曾和你聊过他的工作吗？"职业指导师继续问。

"一点点。他负责大型能源工厂的设计工作。去年他带我去看了他们新设计的工厂，那简直太不可思议了。"

"这听起来很有趣。告诉我，你是不是很喜欢你的爸爸？"职业指导师说。

"这是什么意思？"

"我是指在兴趣、爱好方面，你们是否喜欢相同的东西，或是具有相同的技能？"

"他比我更有组织能力，他擅长安排各种事情；而我比较随性，我喜欢凡事顺其自然。"

职业指导师笑着说："肖恩，这是一次有趣的谈话。我要给你看点东西。这是我上星期让你在网上做的 DISC 测试，"职业指导师将测试报告递给肖恩说，"花点时间看看它。"

不一会儿，肖恩张着嘴巴看完了自己的行为模式报告。"这个结果完全符合我。"肖恩说。

"怎么符合的呢？"职业指导师问道。

"我对大的想法和先进的科技感到兴奋——比如能源工厂，我确实是外向性格并且喜欢冒险。这上面说，像我这样的人能同时做许多事情，确实如此！我的女朋友经常觉得吃惊，我可以快速地从一件事跳到另一件事，并且把每件事都做得很好，同时还能和自己的朋友相处愉快。我的成绩和她一样好，但是她总是循规蹈矩地做各种研究，我猜这也是我爸爸喜欢她的原因。"

"肖恩，"职业指导师说道，"我现在将扮演和你唱反调的人。工程需要你集中注意力吗？你需要了解预设的系统和程序，并且密切关注所有的细节吗？"

"我想是的"，肖恩回答，"但是这些能源工厂对于我来说有一种不可思议的吸引力！我一直认为我会喜欢在那里工作。"

"能够大有作为听起来确实是一件令人兴奋的事情，"职业指导师回答，"但是实际的工作呢？朝九晚五，日复一日，年复一年？你想过自己有朝一日成为一名工程师后，会面临哪些日常事务吗？"

"还没有，"肖恩回答，"你是不是觉得这样的工作不太适合我？"

"这取决于你自己的决定，肖恩，"职业指导师笑着说，"我只是想让你知道令你真正兴奋的东西是什么，是你自己，而不是你的父亲。我建议你去查查这个工作的日常事务是什么，或许你还会选择做一名工程师。但是如果你仔细考虑过什么让你最感兴趣，并且将这些特质与仔细调查过的职业选择联系起来，你或许就不会再对自己将要做什么工作而感到担忧了。这是对你到底是谁的一种扩展了解，也是一种有趣的生存方式。"

"有道理，"肖恩说，"根据我的行为模式，什么样的工作适合我呢？"

职业指导师笑着说："让我们一起去探索吧。"

对于每一个处于事业转折点的人来说，不管是像肖恩一样正处于事业的起点，还是处在事业的上升期，只要细心观察自己的行为模式及动机需要，你都能作出正确的职业选择。有些人曾选择了一些不适合自己行为模式的工作，时间久了以后，就对工作失去了原有的兴趣，而仅仅将其作为挣钱的工具。然而，正如有些人所说："如果你喜爱你的工作，那么对你来说，每一天都是尽情的享受。"

# TAKING FLIGHT!

# 作为老板，如何创建人人都满意的工作环境

一个人对自己工作的热爱程度的高低，在很大程度上决定着这个人团队作战能力的实际情况。时间如沙漏，人的一生稍纵即逝，其大部分时间是在工作中度过的。因此，拥有一个适合自己的工作环境，不仅能够提高人们对工作的满意度，也能够使人们在事业上有所成就。虽然世界上暂不存在一种能够满足所有人期望与需要的工作环境模式，但是，对于能够激发工作成果的环境模式，已有不少研究成果面世。

理想的工作环境应该是什么样的呢？不同工作环境模式下的工作所呈现出的特点又应该是什么呢？接下来，让我们一一揭开不同工作环境模式的面纱……

### D 型模式

D 型人在工作中善于提出长远的目标，具有很强的工作责任心。他们胸怀大志，敢于前进。对于工作环境，他们关注的是其是否公平及对建设性意见的重视度。在一个鼓励竞争的工作环境中，D 型人的潜能能够得到最大限度的发挥。

尽管 D 型人在工作过程中能够突破创新，并且执行力强，但是他们身边仍需要一位稳健的支持者，支持者能够帮助他们认真地分析每个决定的利弊。"高效、创新"的工作环境适合 D 型人大展拳脚。

### I 型模式

I 型人的特征是热情、乐观、欢快。乐观向上、热情饱满的工作氛围能够激发出 I 型人的最大潜能。一个士气低下的工作环境在很大程度上会削减互动型个体对工作的热情及满意度，他们更加倾向于通过相互交流来解决问题的工作氛围。另外，I 型人热衷于在倡导自由与灵活多变的工作环境中劳动，他们能够审时度势、富有责任感地处理相关事宜。事实上，高强度的工作任务能够使 I 型人长期保持思想活跃。

一般情况下，在一位"喜欢发号施令、控制型"的领导手下工作，I 型人的潜能不易得到最大限度的开发，同样，一个拘泥于形式化与组织化的工作环境模式，也会将 I 型人的影响力与创造力扼杀在摇篮之中。

### S 型模式

S 型人在工作过程中努力追寻稳定性。他们更加倾向于选择稳定舒适的工作环境。如果在工作过程中持续出现不断的变化，那么，与其他三种行为模式的个体相比，S 型人的压力反应将最为明显。

S 型人力求在各种关系中都保持平衡，他们在工作过程中期望人人互助。他们也喜欢与一些情感敏锐的人共事，这些情感敏锐的同事能够及时地察觉到工作环境的变化对个体情感需求的影响。对于 S 型人来说，和谐的工作环境能够使每个员工的潜能都得到开发，他们不喜欢过于霸气或木讷的人。在一个过于注重公平的工作环境中，他人令人不悦的言辞可能会伤到 S 型人，这也会在一定程度上降低其对工作的满意度。

## C 型模式

C 型人自我定位明确，逻辑性强，对于精确有着近乎严苛的追求。他们不仅重视工作量的完成，更注重质的保证，对于他们来说，形式化的工作模式即是固定的标准。因此，一个高度合作化、自由化、无组织化的工作环境无法激发出谨慎型个体的工作热情，他们宁愿选择朝九晚五的固定工作模式，以及有一定私密性的思考空间。

C 型人在作每一个正确的决定之前，一定要经过相当长时间的分析。谨慎型人无法容忍在一个工作环境中，成员主要依靠头脑风暴及情感导向作出决定，他们需要了解在决定作出之前的逻辑推理。因此，他们会利用大量翔实的信息进行谨慎的推理，从而不断作出正确的决定，这样的工作环境才是谨慎型人的首选。

选择一个适宜的工作环境模式，个体不仅能够实现潜能的开发、技能的提升，还可以增强自身的活力。因此，当你寻求一份工作时，请记住，一定要将工作环境作为衡量的重要指标。如果你是一位管理者，你也可以努力为你的下属创造一个愉悦的工作环境，并依此理论了解每一位下属的工作特点，实现各尽其用。

作为领导者，如何
知人善任、创建完美团队

如果我们手握一百多家连锁公司的经济命脉，那么，行为观察术对于实现企业成功经营的影响就显而易见了。如果一个团队拥有各种行为模式的工作成员，那么它可以同时面对多个项目的挑战；而如果一个团队所有的工作成员都遵循同一种行为模式，那么它就可能处处受阻。

无论一个团队曾经取得过多么耀眼的成绩，值得关注的是，行为模式一直都在其中发挥着巨大的隐性力量。大多数团队在组建初期，为了有效地选拔人才，其管理者都会制定相关的人才选拔标准，例如，个体成长背景、工作经验、教育背景及相关技能等。

克雷格是一个新兴团队的管理者，团队将要接手一个十分重要的项目。在这之前，他需要评估团队中每位成员的潜能，依次给予其适当的职位与工作任务，他详细地浏览了团队成员的简历。他认为，鲁宾一直从事类似的项目，因此，鲁宾的工作经验十分珍贵；凯科对于目标市场产品有着翔实的了解；朱莉娅可以在项目进程中娴熟地应用技术和系统；菲利普具有超强的项目管理技能，能够保障工作步入正轨，并如期完成。多么完美的团队！

然而，就像很多其他团队管理者一样，克雷格忽略了行为模式在实现成功路途中的易变性。另外，他只关注到了不同行为模式个体的特点，却没有重视不同行为模式个体之间的互动与合作，其实后者更为重要。克雷格组建的这个团队从行为模式的角度来看，貌似完美，但是他却没有注意到其中潜藏的缺陷，实际上，这个团队也仅仅只是个名义上的"完美团队"。

### 假设克雷格团队成员的行为模式各异

在第一次团队会议上，支配型的鲁宾就提议项目从最具挑战性的部分入手，他说："一旦我们将这个部分拿下了，推进项目就变得简单多了，我们将会取得史无前例的成功。"互动型的凯科却希望从项目最简单的部分做起，他说："为什么我们一开始就要从最难的部分入手呢？让我们从最易得手的部分开始做吧。"谨慎型的朱莉娅则希望在具体开展项目之前制订出一个完整的计划方案，她说："在一份翔实的项目计划书出炉之前，我们不能轻举妄动。"最后，对于支持型的菲利普来说，当下他最希望的是缓和会议氛围，大家能够保持意见一致，他说："如果我们不能保证意见一致的话，这个项目将难以顺利进展。"

如果这个团队没有辨别并尊重每一位成员的行为模式，尊重差异并善用差异的话，那么，这些差异性，哪怕只是一个小小的细节，也会阻碍项目进程的顺利推进。

### 假设克雷格团队成员的行为模式统一

除了要与成员行为模式各异的团队合作之外，我们也经常会遇到一些成员行为模式统一的团队。例如，在一个从事软件开发的专业团队中，多数成员的特点都倾向于谨慎型；在一个从事市场营销的专业团队中，多数成员的特点都倾向于互动型；在一个主要负责提供行政策略的智囊团内，多数成员的特点则倾向于支配型；而在从事医护工作的团队内，多数成员表现出的行为特征则是支持型。

你可能会说："这有什么问题吗？毕竟，如果同一个团队内多数人的行为模式相似应该更加有利于交流，不是吗？"也许吧，当一个团队内的所有成员共享同一种行为模式时，团结的力量会变得无比巨大。但是，请记住，力量过度使用不利于养精蓄锐。另外，其他三种行为模式人才的缺失，可能会让一个团队存在许多隐形盲点。

### 假设一个团队内所有成员的行为模式为支配型

这类团队最主要的关注点即是如何获得成功——最直接的成功。这类团队里的成员思考迅速，行动更加迅速。他们不会过多地关注"获取成功的途径与方法"或是怎样开创更为广阔的前景，他们敢于冒险，不求质量，但求速度。在这样的团队内，行动是光荣的，等待或缓慢前行是无耻的，并且认为任何问题都将在任务推进的过程中得以解决。另外，这样的团队还有一些显著的特点——承认分歧的存在，奖惩分明，坚持公平永远在圆滑的外交手腕之上。

支配型团队存在的盲点如下：

1. 由于缺少详细的规划，并且喜好冲动决定，这可能会埋下祸根；

2. 不按程序正常推进工作，达不到预期的成果；

3. 意见难以达成一致；

4. 团队内的每位成员都想去指挥他人；

5. 虽然"冲撞式"的交流在支配型团队内被认可，但是当其与其他类型的团队合作时，可能会中伤他人。

**假设一个团队内所有成员的行为模式为互动型**

士气是团队的关键因素。积极正向是维持团队的重要养分，团队成员总是倾向于看到事物光明的一面，工作出现问题时，团队成员互相尊重、互相支持。有计划吗？哦，暂时没有。"不要担心，我们会取得成功的，"他们会大声地宣告，"我们正在做着。"有推进步骤吗？"那样也太拘束了吧。"他们喜欢随时面对问题，随时解决问题。合作对于他们来说至关重要，团队里的所有成员都相互了解。

互动型团队存在的盲点如下：

1. 工作职责不明晰，工作流程不顺畅；

2. 欠缺有效的管理；

3. 缺乏具体执行项目的能力；

4. 对于工作的预期成果过于乐观；

5. 对于工作过程中可能存在的争议缺乏讨论的意愿；

6. 总是假定所有人和他们都一样充满热情；

7. 没有经过深思熟虑，而只是通过潜在的结果快速作出鲁莽的决定。

**假设一个团队内所有成员的行为模式为支持型**

支持型的团队重在保持和谐，尊重和忠诚是其最为看重的品质。在这样和平的氛围下，冲突是永远不可能发生的，因此，争论和各种利害关系总是会被团队成员们内在消化，而不是摆在桌面上协商解决。这种团队的工作氛围是轻松随意、比较私人化的，每个人都对彼此的孩子、配偶、宠物及爱好了如指掌。一般情况下，召开团队会议时成员们的意见也是一致的，极少出现争议。团队成员之间相互支持，如果一个人有难，其他人都会及时伸出援手，即使是在金钱方面也不例外。在这样的环境下，团队成员之间的关系坚固和谐。

支持型团队存在的盲点如下：

1. 只有当不同意见出现的时候，团队成员才会考虑哪个才是最佳方案；

2. 缺乏冒险精神与令人振奋的追求，不敢走少有人走过的路；

3. 团队成员关系过度私人化；

4. 团队成员过度关注他人的私人生活，绯闻易传，谣言四起，无视事情真相；

5. 墨守成规，难以实现突破创新。

**假设一个团队内所有成员的行为模式为谨慎型**

质量是谨慎型团队的代名词。团队成员专注于精确与翔实，造就了今日谨慎型团队的优秀，当然，成功的背后也是以时间作为代价的。他们的格言是"保质保量完成"。该团队严格遵守事先制定好的规章制度，就算是开会，也是按照事先决定的会议架构进行，他们不会与行动迟缓的人浪费时间，因为他们的生活重点是努力工作。

谨慎型团队存在的盲点如下：

1. 不能通过抓住细节来掌控全局；

2. 过多的工作流程与质量控制影响了整体项目的进程；

3. 作出一个决定所耗费的时间过长，从而陷入"分析瘫痪"的状态；

4. 呆板、低效；

5. 过分地关注工作任务而造成团队成员间关系疏远。

### 假设团队失去某一种行为模式的成员

尽管一个团队由同一种行为模式的成员组成并非坏事，但有些团队也因为缺失某种行为模式的人才，而付出了惨重的代价。一般出现这种情况的团队多是因为没有在正确的时间猎到合适的人才。一个团队内缺少某种行为模式的人才可能会导致一些致命的盲点，以至于影响到整个团队的工作环境及工作成果。想象一下，一个团队如果没有了某种行为模式的人才，将会发生什么？

■ **没有支配型人才的团队**——这样的团队容易脱离正轨，失去目标。团队成员在工作目标上各有侧重，整个团队就像失去了领导者一样，人心浮动。而且，团队成员也不会就某个问题争论，所以，团队成员无从知晓问题的根本原因。

■ **没有互动型人才的团队**——很多时候，事情并非总是按照预期顺利进行的。如果一个团队没有互动型成员存在，那么它将缺少缓和团队紧张氛围的"开心果"。另外，团队成员在公司危难时期也将深感压力重重，整个团队士气低下。

■ 没有支持型人才的团队——一个团队中如果没有支持型人才,冲突将会不断并将持久存在,团队的运转就好像没有了润滑剂一样,争论不断,意见难合。没有了支持型人才的团队将会失去很多活力,工作环境也将变得杂乱无章。支持型人才就像万能胶水一样将整个团队凝聚起来,如果失去了他们,团队将会面临解散的困境。

■ 没有谨慎型人才的团队——一个团队中如果没有了谨慎型人才,将不会有人耳提面命地推进工作进程,这样的团队在行动之前也不会经过深思熟虑。由于没有了谨慎的审核过程,得到的结果也不会理想。总之,一个没有谨慎型人才存在的团队,其工作的质量将面临质疑。

### 挖掘团队行为模式潜能的步骤

尝试将 DISC 行为观察术应用到团队日常工作的过程中,你将会发现,DISC 行为观察术是开启合作成功之路与提升工作满意度的金钥匙。下面的五个步骤将会教你怎样最大限度地挖掘团队潜能。

1. 学习行为观察术——抽出一定的时间,教授团队成员行为观察术,以提升他们的自我感知力,增强他们的接受力,建立彼此间的信任感及提高团队效能。

2. 确定团队的各位成员分别属于哪种行为模式的人才——建一个表格,将团队内的每位成员都写上去,并分别记录他/她属于哪种行为模式的人才,将表格公布出来,保证团队内的所有成员相互了解。

3. 坚信团队的蓬勃发展源于全员合力 —— 坚信团队内的每位成员都是不可或缺的一分子。

4. 发现团队的优点与缺点 —— 每一个由混合型行为模式人才组成的团队都是独一无二的。你所需要做的是了解它的优点与缺点。

5. 改变策略，平衡团队组织结构 —— 有时候，当一个团队内多数人属于同一种行为模式时，如果整体工作氛围趋于消极化，那么工作成果也不会令人满意。有时候，当一个团队内多数人都能意识到自己的行为模式在团队内比较具有代表性时，他们可能就会更加奋发向上，这样反而可以将缺失的那部分人才优势弥补回来。

总而言之，团队要学会灵活运用 DISC 行为观察术，及时调整策略，保持组织平衡。

# TAKING FLIGHT!

# 作为老师，如何
# 激发学生的最大潜能

不 管你是一名在教室内教授孩子或是成人课程的老师，还是一位
训练运动员的教练，抑或是一个职业心理治疗师，DISC 行为
观察术都可以成为你教学或治疗工具箱中的一个有力武器。

人在一生中总会遇见一两个对我们人生影响深远的启蒙老师，他
们使我们了解自己是谁、需要做什么，是他们的鼓励让我们走得更远、
飞得更高。当然也有一些老师，当他们面对我们时，偶尔会因为一些
小事恼羞成怒，进而选择离开。

如果你问一位老师："你觉得自己的教学方式适合你的学生吗？"
你得到的回答肯定是："非常适合！"事实上，多数老师都曾被告知
对于教学要坚持因材施教的原则，但实际情况却是，多数老师认为教
学无非就是三种模式，即听、看、做。很多老师不知道 DISC 行为观
察术在教学过程中的巨大作用。

布朗小姐是一位极具奉献精神的教师，她工作一直勤勤恳恳，
并且善于与人沟通交流。为了教学，她使尽浑身解数，准备了内容
翔实的讲义、周密的教学计划，还有创新性的互联网视频教学及互
动性训练。听起来真是不错，所有家长都希望布朗小姐能够成为三
年级小组的教学精英。真的是这样吗？也许奥斯汀的父母并不是这
样认为的。

某天，布朗小姐让她的学生们在纸上固定的长方形中画一幅画，
这是多么有意思的一个课程作业。奥斯汀按照自己的想法聚精会神

地画了起来，由于他的想象力太丰富，长方形已经容纳不下他的画了，于是奥斯汀就在纸的背面接着画完了他的画，奥斯汀看着自己的作品，以此为傲。课程分数下来以后，奥斯汀的分数很低，布朗小姐给出的理由是，奥斯汀的画很具有创新性，但是他却没有按照课程标准来完成作业。

这件事情已经过去很久了，但是奥斯汀仍为此事耿耿于怀，每当他遇到挫折的时候，他都会想起二年级时的老师瑞杰斯小姐，她是奥斯汀的粉丝，她为奥斯汀丰富的想象力与创造力而惊叹。

布朗小姐因为没有准确把握住奥斯汀的行为模式，而错失了一个激发培养奥斯汀创造力的好机会；而奥斯汀也为没有遵守课程规则付出了代价，这个代价也挫伤了他创造意愿。

理解并运用 DISC 行为观察术可以使类似境遇有所改善。许多老师和教练总是自以为是地声称"我是按照你喜欢的方式在教育你"，但是实际的行动却表明，他们总是在按照自己的方式教育他人。学习下面这些指导原则，不仅可以提升你的自我效能感，还可以使你的生活发生意想不到的变化。

### 了解自己的行为模式

自我行为模式的准确定位是教育工作者教育他人的基础，这样才能防止教育工作者在教学过程中将自己的行为模式强加在教育对象身上。

支配型的教育工作者授课速度较快，能将基础的信息或案例迅速传达给教育对象。他们授课的缺点是不能给教育对象提供大量的新知识。另外，支配型的教育工作者对情感细腻者的学习需求反应迟缓。

虽然互动型的教育工作者可以为教育对象创造一个愉悦的学习氛围，但是他们不能为有需要的教育对象提供有益的指导建议。另外，对于谨慎型和支持型的教育对象，互动型的教育工作者不能为他们提供极具逻辑性的指导意见。

谨慎型的教育工作者不会为教育对象提供过多的自由思考空间。令互动型教育对象失望的是，在谨慎型教育工作者的课堂内，不会出现轻松愉悦的学习氛围。

支持型的教育工作者非常具有亲和力，他们不会对教育对象进行标签化。支持型的教育工作者不会像支配型的教育工作者那样进行挑战性教学；也不会像互动型的教育工作者那样进行迅速而快捷的教学。

### 了解教育对象的行为模式

简单来说，教育工作者进行课程教学时应该从教育对象的需求出发，教育对象的需求可以从很多方面获知，包括教学速度与讲义授课的重复频率、教育对象独立参与小组工作的体验，一起分享的信息以及相互传递信息的途径方法。通过了解每一位教育对象的行为模式，教育工作者可以调动起每一位教育对象的积极性，使他们参与到课程教学的过程中，一起学习，共同成长。

- **教育对象为支配型学生**——教育工作者在授课之前需要解释学习本次课程内容的原因，并且将这些内容与现实世界联系起来。另外，教育工作者授课之前需要将大纲重点罗列出来，以便支配型的学生心中有数。

- **教育对象为互动型学生**——教育工作者要保证课堂充满乐趣和活力，并且鼓励交流，使用多样化的教学方式，允许奇思妙想。

- **教育对象为支持型学生**——教育工作者要讲授一些与学生个人生活紧密联系的内容，营造感情色彩浓厚的课堂氛围，关注他们的情感需求与变化，避免揭露他们的伤疤。

- **教育对象为谨慎型学生**——这类学生要求教学内容翔实化、结构化、逻辑化。并有大量的事实作为参考依据。另外，教育工作者要准备回答各种问题。

不管你教授的是哪门课程，也不管你在哪里授课，只要你是一名教育工作者，DISC 行为观察术都可以帮助你成为一位优秀的启蒙导师，造福学生。

# TAKING FLIGHT!

作为父母，
如何说孩子才肯听

众 所周知，孩子并非生来就已成才。对于父母来说，他们一直都在学习怎样成功地养育一个孩子。父母教授孩子价值观与恰当的礼仪，与孩子一起分享生活的技能，尽管如此，他们仍不能决定孩子的行为模式，因为孩子就是他／她自己。

布兰登是个8岁的小男孩，他的性格倾向于谨慎型，所以他总是给人以内向而独立的感觉，并且像一本《十万个为什么》，总是刨根究底地提出各种奇怪的问题。他喜欢弹钢琴，也喜欢收集各种石头，他从不参与小组活动，尽管他喜欢军事艺术，那也不是因为他想和别人一比高下，而只是为了给自己增加一项技能而已，他也没有特别亲密的朋友。

布兰登的父亲是个典型的支配型人，他的母亲是个典型的互动型人。布兰登的母亲总是为他没有朋友而担忧，父亲则为他从不像其他男孩一样去户外打篮球而苦恼。

每天，布兰登的母亲都会鼓励他出去结交朋友，但是布兰登只想待在自己的屋里弹弹钢琴、打打游戏。每当父亲下班回家，看到其他孩子在户外嬉戏时，他都会大声训斥布兰登，让他出去和小朋友一起打球。

布兰登的父母理所当然地认为自己在为孩子着想，他的父亲希望他可以通过与他人竞争来获得成功，而他的母亲则希望他可以擅长交际。这都可以理解，因为这就是支配型与互动型父母的特质。

对于父母的要求，布兰登一清二楚，为了迎合父母的期望，布兰登必须改变。"但是，我是真的不喜欢打篮球。尤其是我爸爸认为的方式真的不适合我，我在学校可以见到我的朋友，在家里我只想做我自己喜欢做的事情，而他们都不理解我。"

了解 DISC 行为观察术，可以制止父母将自身的行为模式强加到孩子身上的行为，他们需要准确了解孩子的行为模式，并努力适应它。父母总喜欢将自身的理想与期望寄托在孩子身上，并且希望有朝一日孩子可以实现自己当年的梦想。当他们的孩子表示反抗时，他们就会相当沮丧。通过了解自己的行为模式，父母可以理解自己对孩子的期望源于何处，然后基于孩子自身的行为模式，发展出真正适合孩子内心所想的期望，而不是父母内心真实的期望。

每一个孩子都是独特的个体。有些父母会说："我很公平，我对待每一个孩子都采取相同的方式。"事实上，真正的公平是，按照每一个孩子希望的方式爱护他。如果这样做的话，父母就可以因材施教地对待每一个孩子，让他们按照自己的秉性，健康成长。

如果你从现在开始愿意了解 DISC 行为观察术的话，你会发现，你的孩子正按照自身的节奏健康而快乐地成长着。下列内容是不同行为模式的孩子的行为表现。

### 支配型的孩子

1. 较早学会爬行与走路；

2. 爱指挥其他小朋友；

3. 面对否定立刻作出强烈的反应；

4. 制定适合自己的原则，例如，自己决定几点上床睡觉；

5. 不喜欢被人管束，包括被老师管束；

6. 要求他人对自己必须有求必应；

7. 领导他人，喜欢掌控各种人与事；

8. 如果没有按照他的意愿来，他就会立刻发火；

9. 尽一切努力，要求事事优于他人；

10. 静不下来，总是在做各种各样的事情。

### 互动型的孩子

1. 总是将自己弄得脏兮兮的，并以此为乐；

2. 爱捉弄他人；

3. 注意力不能集中；

4. 需要能够让他保持兴奋的东西存在；

5. 拥有分属在不同团体组织的朋友，比如邻居、学校的朋友以及一起运动的朋友；

6. 随时改变游戏规则，只为拥有更多的新体验；

7. 敢于冒险，追求新鲜（虽然走过一些常人不常走的路，并且总是以惨剧收场，但是却丰富了自己的人生）；

8. 乐于成为焦点，不管是在教室，还是餐桌，或是舞台上；

9. 敢于做出一些常人不敢做的事，并且乐在其中；

10. 容易夸大事实，并且根据自身的需要随时更改选择。

## 支持型的孩子

1. 利用走路的时间抓紧学习；

2. 吃饭、喝水或是走路都很缓慢；

3. 按时休息；

4. 乐于助人；

5. 遵守规则；

6. 有一些关系密切的朋友；

7. 适应力差，较为保守；

8. 没有主见；

9. 善于与他人分享；

10. 性格内向。

## 谨慎型的孩子

1. 干净、整洁、有序；

2. 分析整合能力强；

3. 总是问"为什么"和"假如"；

4. 严格遵守规则；

5. 相对于体力运动，更喜欢精神上的挑战，并且韧性强；

6. 过分依赖相关规则；

7. 希望拥有相对独立的个人空间；

8. 总是担心事情会出错；

9. 讨厌恶作剧；

10. 凡事都有自己的独特见解。

当父母能够清晰地了解自身及孩子的行为模式时，他们便可以为孩子营造一个健康成长的家庭环境。有一则古老的寓言：不要试图让一头小猪学会唱歌，因为你会失望，小猪则会生气。当我们试图去改变他人时，你便在阻碍他人成长；当我们接受他人时，你便在创造一个环境，激励他人成长，使其成为真实的自己。转变你对他人的判断标准——由一味地评判转向理解和接受，这不仅可以帮助孩子建立自信，而且可以帮助他 / 她养成良好的适应能力。

如何与他人建立
历久弥新的人际关系

运用胜于了解，

行动胜于想象。

——约翰·沃尔夫冈·冯·歌德（Johann Wolfgang von Goethe）

一生当中，你会遇到很多人，慢慢地，你与一些人走散了、重逢了……当你学习将 DISC 行为观察术运用到日常生活中时，你可能会发现，更多长久的人际关系得到了有效维持。接下来，选择一个个体作为你运用 DISC 行为观察术的对象，他 / 她可以是你的朋友、家人或是同事，请回答下面的问题。

DISC 行为观察术用处何在，我将怎样将其运用在这个人身上？

_____

_____

为了改善这段关系，我需要减弱哪些行为模式表现？

_____

_____

为了改善这段关系，我需要增强哪些行为模式表现？

_____

_____

潜在的障碍物：我可能会遇到哪些阻碍？

_____

我将使用什么方法来克服这些阻碍？

_____

_____

    DISC 行为观察术不仅可以改善人际关系，我们还可以将其应用到具体情境中解决问题。现在你可以设想一个情境，应用 DISC 行为观察术，回答下列问题。

    DISC 行为观察术用处何在，我将怎样将其运用到这个情境中？

_____

_____

为了改善这种情境，我需要减弱哪些行为模式表现？

_____

_____

为了改善这种情境，我需要增强哪些行为模式表现？

_____

_____

潜在的障碍物：我可能会遇到哪些阻碍？

_____

_____

_____

我将使用什么方法来克服这些阻碍?

_____

_____

_____

# 如何与人打交道

## 不犯怵，让人际关系轻松些

你 不仅需要了解自己的行为模式，还需要了解出现在你生活中的其他人的行为模式。运用 DISC 行为观察术，让你的人际关系变得更加美好吧！

现在让我们列出一些表格，写出日常生活中与你接触的人的行为模式，这些人不仅包括你的家人、朋友、同事，还包括客户、邻居等其他人。这个工具不仅可以为你创造一个快速参考的标准，也可以缓和你的人际关系，挖掘人际交往中的潜在能量。

| 家庭成员 | |
| --- | --- |
| 姓名 | 行为模式 |
| 1. | |
| 2. | |
| 3. | |
| 4. | |
| 5. | |
| 6. | |
| 7. | |

| 朋友 | |
|---|---|
| 姓名 | 行为模式 |
| 1. | |
| 2. | |
| 3. | |
| 4. | |
| 5. | |
| 6. | |
| 7. | |

| 同事 | |
|---|---|
| 姓名 | 行为模式 |
| 1. | |
| 2. | |
| 3. | |
| 4. | |
| 5. | |
| 6. | |
| 7. | |

|  | 其他（客户、邻居……） |
|---|---|
| 姓名 | 行为模式 |
| 1. | |
| 2. | |
| 3. | |
| 4. | |
| 5. | |
| 6. | |
| 7. | |

# 如何在复杂的
# 人际关系中游刃有余

在开篇寓言故事的结尾处，我们提到，在如何看待与回应世界方面，人类的方式似乎比鸟类要复杂得多。因为我们的鸟类朋友并不会表现出特别明显的第二种可供选择的行为模式，而大多数人类却可以。其实，你或许很容易就能意识到，你自己或者其他人拥有两种甚至更多种的行为模式。

在如何理解并回应身边的人与事方面，第二种可供选择的行为模式有时起着关键作用。你可能认为，与因迪的 I 型嬉闹相比，多里安的 D 型率真会发挥更多的作用。或者，跟莎拉的 S 型移情本性相比，你更倾向于克里斯特尔善于分析的 C 型行为模式。

接下来的这些描述有助于你更好地理解你周边的人与事。请注意：基本的行为模式用一个大写字母指代，第二种可供选择的行为模式则用一个小写字母指代。例如，Di 或 Cs。

## Di型

Di 型将支配型的决断力与互动型的乐趣性、社交性结合起来。Di 型的行为模式代表着一种追求目标的强烈欲望，但其通常需要与其他类型协作才能完成任务。如果将率真可爱、热情互动与充沛精力、满腔热忱相结合，Di 型的人将会产生巨大的影响力。

在工作场合，Di 型的人很有远见，并能驱使组织改革。他们统领全局，敢于冒险。如果对于周边发生的任何事情他们只能做愤慨激昂的追随者，那么在这样的环境中他们会备感失落。Di 型的人希望能够参与设立新目标，执行重大决策，倾向于扮演领导者的角色。如果重大决策被认可，整个决断过程一气呵成，那么 Di 型的人将会在这样的工作环境中大展拳脚。

Di 型的人总怀有"继续完善自我"的心态，并倾向于从有理想、有目标的人那里获益更多。另外，如果能与注重细节的人合作，例如谨慎型的人，Di 型的人就能专注于他们的核心优势。

Di 特征过分明显的人通常缺乏耐性，往往会作出一些冲动的决定。面对压力，Di 型的人会焦躁不安并将压力外显，这可能会使他人产生焦虑感。

## Id型

有些人可能会认为，Id 型与 Di 型的人在主导方面有些类似。两者的区别在于，当个体的 I 特征强于 D 特征时，那么他首先就是一个激励者。Id 型的人有一种乐观精神，可以激起人们采取行动的满腔热情。他们喜欢甚至渴望得到持久不断的激励。他们向往自由的团队环境，在这样的环境中，团队成员可以尽情发挥创造力，从而实现目标。

在工作中，Id 型的人能够重振团队士气，使成员对组织目标和理念充满激情。他们能够敏锐地察觉成员的情绪变化，也会对其他成员目标的实现发挥有效的影响力。他们喜欢结成战略同盟，从而提出思路和建议。然而，在全局规划上他们还需要其他人的支持，这些人注重细节且考虑事情比较周全。他们痛恨别人的否定和质疑，很难与古板之人以及太过细致之人共事，因为他们认为这两类人害怕冒险，最终会耽误大局。

Id 特征过分突出的人会让自己的压力外显，这会影响周边环境的活跃氛围。他们过度乐观，会导致不真实的决策评估和人员评价出现。可是，在灾难面前，他们能够娴熟地动员一切力量，与他人共渡难关。

## Is型

Is 型的人温和、友好且善于社交。他们待人热情，所以很容易在短时间内建立起强大持久的人际关系。他们希望能向别人伸出援助之手，是天生的老师与职业指导师。Is 型的人是自信与谦逊的有趣结合体。

Is 型的人能够代表人们的心声。他们能够对他人感同身受，积极帮助有需求的人。Is 型的人喜欢在互动型的组织中工作，因为这样可以与同事发展出真诚的友谊。他们向往这样的工作环境：成员之间互相关怀，注重人际交往胜于手头工作。

但 Is 型的人在作出某些艰难决定时会令人不安，并会对他人产生消极影响。好斗之人一般不会考虑别人的感受，所以 Is 型的人也不喜欢与这样的人共事。

Is 型的人很受他人优待，因此他们能够吸引更多专注质量的人们过来，一起合作，提供结构化的工作流程。此外，Is 型的人经常会告诫他人，勿让高压左右你的生活。

面对压力，Is 型的人会变得过于热心而忽视自我的需求。他们倾向于相信人之善，导致他们容易误解他人的意图并盲目相信他人。他们不喜欢与人发生冲突，这导致他们对日益恶化的问题不予重视，当人际关系恶化时，他们又非常受伤或感觉遭人背叛。

## Si型

Si 就好像是 Is 的亲密表兄妹，Si 型的人从容不迫、悠闲自在，一切顺其自然。然而，两者的显著差异在于，Si 型的人把他人放在首位，其次才是自己。这种支持型（S）的移情本质与互动型（i）的同情特性相结合，真是人类性情完美的结合。

Si 型的人致力于维持人际关系的和谐。他们喜欢群体性的工作环境，力求尊重每位成员。Si 型的人善于耐心倾听有需求之人的心声。他们毫无保留的同情心很容易吸引新朋友。与此同时，他们通常会避免与人发生冲突，并且乐意对产生矛盾的双方作出调解以恢复和平。Si 型的人通过有条不紊地完成工作来保持团队的一致性，从而加强工作环境的稳定性。由于 Si 型的人会围绕现实情况来构筑心理安全，所以他们喜欢稳定的工作环境，这里既能使他们拥有持久的人际关系，又能保证他们的工作日程不会发生频繁变动。

Si 型的人过于善良，以至于总是为了满足别人而克制自己的需求。Si 型的人生性敏感、易怒，心结难解。他们总是将压力藏在心里，行动时也过分消极。

## Cs型

对逻辑性与精确性的严苛需求促进了谨慎型（C）行为模式的出现。毕竟，如果正在做的事情不正确，为什么还要继续做下去呢？C型人对精确性的需求与S型人的耐性相结合，从而形成了专注质量的个体。本质上，C型人是完美主义者。

为避免不确定因素，Cs型的人总是未雨绸缪。他们会通过一系列方法进行决策评估，例如，提出质疑假设、寻求可替代的选择、做好最坏的打算。他们期望这样的工作环境：在得出结论或作出决策之前，能够接收并分析大量信息。Cs型的人希望工作分工明确且有固定的期望结果，他们也很乐意以高度的专注力和坚韧不拔的毅力来迎接挑战。

Cs型的人希望其他组织成员能够顾全大局，不拘小节。他们以任务为本，能从为环境带来正能量的人那里获益，增强斗志，还能作出鼓舞人心的反馈。

Cs型的人不喜欢这样的工作环境：没有标准的操作程序。对于突如其来的改革，他们会感到不安，他们尤其讨厌不计后果的冒险。C型的人害怕出错，所以为了追求准确无误的结果，他们总是在过程中耗费了大量的时间。

Cs特征较为明显的人，由于太专注于工作以至于没有意识到，他们需要与其他成员共同庆祝已取得的成就以及为其他成员作出积极反馈。面对压力，Cs型的人能够走出"分析瘫痪"的困境并制订出完美的计划，但依然怯于采取行动。

## Sc型

Sc 型的人天生就喜欢通过人生规划来主宰生活。这正好体现出对同事、组织的忠心耿耿以及对工作程序的严格遵守，长期实践证明，这些工作程序有助于更好地实现组织目标。Sc 型的人会通过使一切事情保持一致性，从而围绕现实情况来构筑心理安全。他们更倾向于可预测性而非快速创新，更喜欢安稳的工作环境而非快节奏的工作环境。结果，当有新方法能够更好地应对新机遇时，Sc 型的人却依然纠结于现有方法而无暇顾及其他。

Sc 型的人不会显摆自己的能力。在人际交往中，虽然这种特质十分讨人喜欢，但是这种谦逊看起来也像是对独断之人的懦弱妥协。对坦率与建设性冲突的反感会令他们做出过激的行为，这时他们不会再想办法解决问题，而是拖延时间，使问题恶化。

Sc 型的人具有这样的特质：对于事情发生的原因与经过，他们会充满好奇并倾注全部的热情去调查清楚。他们会成为很好的倾听者并帮助他人解决问题。他们不希望惹人注目，所以喜欢在安静、私密的环境中举行团体聚会。Sc 型的人对所有人都很仁慈，但却只有几个密友。他们的内心活动十分丰富，虽然不善于表达，却有很多好的方法和点子。

Sc 型的人不喜欢快节奏的环境，因为这种环境中的优先顺序似乎时刻都在发生变化。他们是策划者，但不喜欢别人在背后说三道四。他们不喜欢说不，这一特质导致他们总是超负荷工作，因为他们最看重的是对整个团队以及工作质量的责任感。

## Dc型

Dc 型的人总是试图在短时间内将事情做到最好。他们对自己以及他人有着很高的期望。支配性的特质驱使他们希望尽快实现宏伟目标，而谨慎性的特质又让他们觉得实现目标要有周密的计划与决策，并在恰当时机采取行动；支配性的特质驱使他们喜欢展望未来，并为推动事业发展而设定宏观目标，而谨慎性的特质又使他们喜欢钻研细节，从而扼制住想一蹴而就的冲动。这种内心斗争造成了他们对"求结果"还是"保质量"的持续摇摆不定。Dc 型的人总认为，其他成员在工作中总是不能把握好平衡，以至于自己只能超负荷工作，而这些工作是可以由其他成员代为完成的。

Dc 型的人在这样的环境中能够快速成长起来，能够自主设定工作议程，并主动帮助其他成员，以确保工作日程能够合格完成。尽管 Dc 型的人在大大小小的工作项目中都做出了巨大的贡献，但还需要其他人协助，才能看清决策可能会对其他成员的情绪或心理产生的影响。Dc 型的人一心为了完成工作和实现目标而努力，不注重人际交往的技巧或者不会察言观色。

Dc 型的人做事效率很高，他们不喜欢其他成员在实现目标和保持准确性上缺乏紧迫感。他们认为工作地点是完成任务的地方，而非承担社会责任或作出感情承诺的地方。

Dc 特征过于突出的人对自己和周围人的要求过高。支配特质使他们表现出率直的一面，而谨慎特质又使他们很挑剔，两者相结合就会使职场环境充满压力。

## Cd型

就像 Dc 型的人一样，Cd 型的人比较看重工作完成的准确性及实际效果。然而，显著的谨慎特质使他们将交际能力、耐性与支配性相结合，以便早日实现目标。他们喜欢创新体制并期望获得显著性成果，反对严苛的质量标准。他们是出色的决策家，但却可能忽略影响团队凝聚力的人力因素。他们讲话具体而不抽象，往往依靠事实和实例而非情感和直觉来进行自我评价。凡事讲方法是他们的天性，他们倾向于在最终决策前寻找每一种可能性方案，他们通常不愿意插手重大决策。

Cd 型的人举止大方得体，面部表情单一，他们尽量避免与他人的身体接触。Cd 特质过于明显的人，在人际交往上表现出的往往是冷漠、迟钝与疏离。他们不喜欢吐露心声，密友圈也很窄。

## D与S势均力敌——DS/SD型

DS/SD 型是最罕见的类型之一。他们的 D 特质注重结果，S 特质又关注平等与尊重。所以，DS/SD 型的人绝对会维护公正与质量。DS/SD 型既固执又富有同情心，他们会为不愿意工作或不能工作的人辩护。他们的强烈责任感以及追求目标的执着与专注能够激发他们的积极性。

D 特质的毅力与 S 特质的耐心相结合，令他们表现出对事业的坚定决心以及强烈的个人责任感。

尽管 DS/SD 型的人看起来与他人很疏远，但实际上他们是很情绪化的人。虽然他们伪装工作做得很好，但这并不能掩藏他们敏感易怒的特性。

旁人很难预测 DS/SD 型的人的反应，有时他们的 D 特质更明显：直白且注重结果，有时却显露出 S 的一面：富有同情心且乐于助人。他们可以完全独立于团队之外，也可以为了实现个人目标而融入团队。无论如何，DS/SD 型的人会忠心耿耿地对待生命中的每一个人。

## I与C势均力敌——IC/CI型

在个体中，IC/CI 也是很罕见的一个类型。这两种特质的结合对于理解复杂项目的整体思路及其细节是十分有利的。由于他们对系统有很强的关联意识，所以他们可以做到从一个方面联想到另一个方面，他们还能很快预测出每一种方案获得成功的可能性。

虽然 IC/CI 型的人看似在努力收集大量数据，但在其他情况下似乎又总会仓促决断。这是由于其具有显著的 C 特质，其收集的数据会先被储存，紧接着通过模式识别来下意识地到达感觉系统，并在自我顿悟时登至顶点。由于他们总是凭直觉找出问题的解决方法，IC/CI 型的人易冲动。

C 型人对世俗认知表现出极大的理解，而 I 型人却喜欢与之公然对抗。如果能把这些特质结合起来，那么这个人不仅能够深刻地理解过去，还可以勾勒出未来的美好蓝图。这样的人将会成为足智多谋的改革者和创新者。

他们力求成为一名优秀的沟通者，其中，C 特质用来斟字酌句，I 特质帮助他们巧妙运用谈话技巧来影响他人。IC/CI 型的人能够很好地把握社交需求与独处需求之间的平衡。他们喜欢融入群体，但进行自我充电时也不喜欢被人打扰，他们独处的时候往往是创造性思维极其活跃的时候。

## 四种行为模式类型相互均衡

这种类型是指，四种行为模式类型在你的行为模式中是势均力敌的，即四种类型无主次、轻重之分。通常意义上，两种主要的驱动因素会导致这样的结果：你表现出极大的灵活性或适应性；或者你正经历人生中一次重要且艰难的转变。

如果你的生活较为稳定，或许是因为你有能力应付各种突发状况。举例来说，假设你需要成为一只率真可爱、关注结果的老鹰，或者一只精力充沛、乐观豁达的鹦鹉，你可以倾注全部热情；如果你需要降低标准，像鸽子一样耐心地倾听别人，或者像猫头鹰一样拥有一双锐利的双眼来关注细节，那么你可能需要在行为模式方面做出相应的调整。

因此，这一类型的优势在于其灵活性。然而，它仍会存在两大问题。首先，其他人不能预测你对某种刺激的反应。你是兴奋还是平静、内向还是外向、任务导向还是以人为本呢？你的捉摸不透让别人在与你的交往中很难把握尺寸。其次，由于你总想顾及一种情况涉及的各种因素，所以在决策时往往犹豫不决。

这一类型的其他可能驱动因素就是，你正处于人生过渡期或者你的人生正在经历剧变，可能是获得了一份新工作，也可能是人际关系发生了改变，或者你只是搬家了、有了孩子。这些重大的人生事件会促使我们重新思考自己的行为方式。这些改变会诱发新行为，而不是维持一成不变的行为模式。反过来讲，没有哪种单一类型的行为模式可以凌驾于其他行为模式之上。如果这种情况发生了，那么在适应各种改变之后，你的行为模式通常会恢复原状，紧接着，另一种或两种行为模式类型又会优先于原先的行为模式类型，如此反复。

凿子只是雕刻木头的工具，但是当它被工匠握在手里时，它就可以雕刻出美丽的工艺品。同样，DISC 行为观察术是人类思想的工具，你又将准备用它建造什么呢？

我们曾遇见无数的人，他们或有着和谐的人际关系，或做着令人向往的工作，或过着令人羡慕的生活。静下心来，看看你身边有着不同行为模式的人们，用恰当的方式去对待他们吧，用心去辨别他们的所思所想，用他们所期望的方式去爱他们。合理利用自身的优势，了解自身的行为模式，以不变应万变应对身边的人与事。释放 DISC 理论的能量，为你的生活开启新的篇章！

# 故事尾声

让我们再回到森林中，鸟儿们正聚集在鸽子家中，共进早餐。克拉克转向多里安，问道："自从你上次在鹰群中普及了 DISC 行为观察术以来，现在的情况如何了？"

"时间太短，暂时还没有看到显著的效果。"多里安说道。

"而猫头鹰们则善于多角度探索问题。"克里斯特尔说道。

"确实如此，它们真的提了很多问题，"克拉克补充道，"我们还有一些事情需要向泽维尔请教。"

"你要是能找到它的话，算你有本事喽。"因迪笑着说道。

"那么鸽子家族的学习情况如何呢？"克里斯特尔问莎拉。

"刚开始时，它们对此表现得很冷淡，我和塞缪尔还不知道接下来要怎么办。但是后来，我们慢慢得到了它们的回应，它们每一只都在认真地学习和领悟 DISC 行为观察术，并找到了适合自己的行为模式。"莎拉自豪地答道。

"好吧，我们鹦鹉家族也非常乐于学习 DISC 行为观察术！"艾薇插话道，"我们曾组织过一次大型会议，鹦鹉家族的每一位成员都参与了，它们都表现出了自己的行为模式。在那次会议上，我还扮演了一次多里安的角色，主持了整个会议的召开！"

"这是真的吗？不要告诉我，你们是在'理事会之树'进行的会议啊？"多里安冷笑着说道。

"这个……这个……"艾薇支支吾吾，不知该如何回答。

"回归正题，"克拉克笑着说道，"现在有谁知道泽维尔的下落吗？"

"我之前听说，它一直待在南边的湖畔，观察着人类的野营活动，"莎拉说道，"很明显，人类出现了很多争议，所以泽维尔才会在那里待那么久。"

所有的鸟儿齐齐点头。

在离这个团队几步远的地方，一个红褐色的身影一闪而过。

"每个人都或多或少地存在着一些问题，"泽维尔说道，这个家伙不知什么时候出现的，"但是一旦人们发现了自己的行为模式，他的生活将会出现意想不到的惊喜。"

泽维尔轻弹了一下尾巴，一闪而过，鸟儿们再一次找不到它的身影。还有很多问题等待着我们去面对、接受、放下……